HOMO SOLIDARICUS
Derrubando o mito do ser humano egoísta

Wegard Harsvik | Ingvar Skjerve

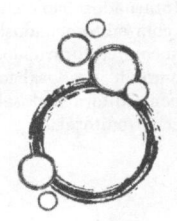

Homo solidaricus © Wegard Harsvik e Ingvar Skjerve
Published by agreement with Immaterial Agents in conjunction with Res Publica

Esta tradução foi publicada com o apoio financeiro de NORLA.

NORLA
Norwegian
Literature Abroad

Edição: Felipe Damorim e Leonardo Garzaro
Tradução: Leonardo Pinto Silva
Arte: Vinicius Oliveira e Silvia Andrade
Revisão: Carmen T. S. Costa e Lígia Garzaro
Preparação: Leonardo Garzaro e Ana Helena Oliveira

Conselho Editorial:
Felipe Damorim, Leonardo Garzaro, Lígia Garzaro, Vinicius Oliveira e Ana Helena Oliveira.

Dados Internacionais de Catalogação na Publicação (CIP)
(Câmara Brasileira do Livro, SP, Brasil)

H324

Harsvik, Wegard

Homo solidaricus: derrubando o mito do ser humano egoísta / Wegard Harsvik, Ingvar Skjerve; Tradução de Leonardo Pinto Silva – Santo André - SP: Rua do Sabão, 2022.

Título original: Homo solidaricus

200 p.; 14 X 21 cm

ISBN 978-65-86460-55-1

1. Evolução. 2. Solidariedade. 3. Sociedade. I. Harsvik, Wegard. II. Skjerve, Ingvar. III. Silva, Leonardo Pinto (Tradução). IV. Título.

CDD 576.8

Índice para catálogo sistemático
I. Evolução
Elaborada por Bibliotecária Janaina Ramos – CRB-8/9166

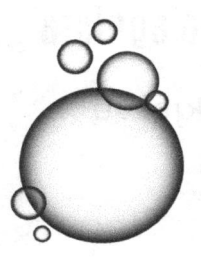

[2022]
Todos os direitos desta edição reservados à:
Editora Rua do Sabão
Rua da Fonte, 275 sala 62B
09040-270 - Santo André, SP.

www.editoraruadosabao.com.br
facebook.com/editoraruadosabao
instagram.com/editoraruadosabao
twitter.com/edit_ruadosabao
youtube.com/editoraruadosabao
pinterest.com/editorarua

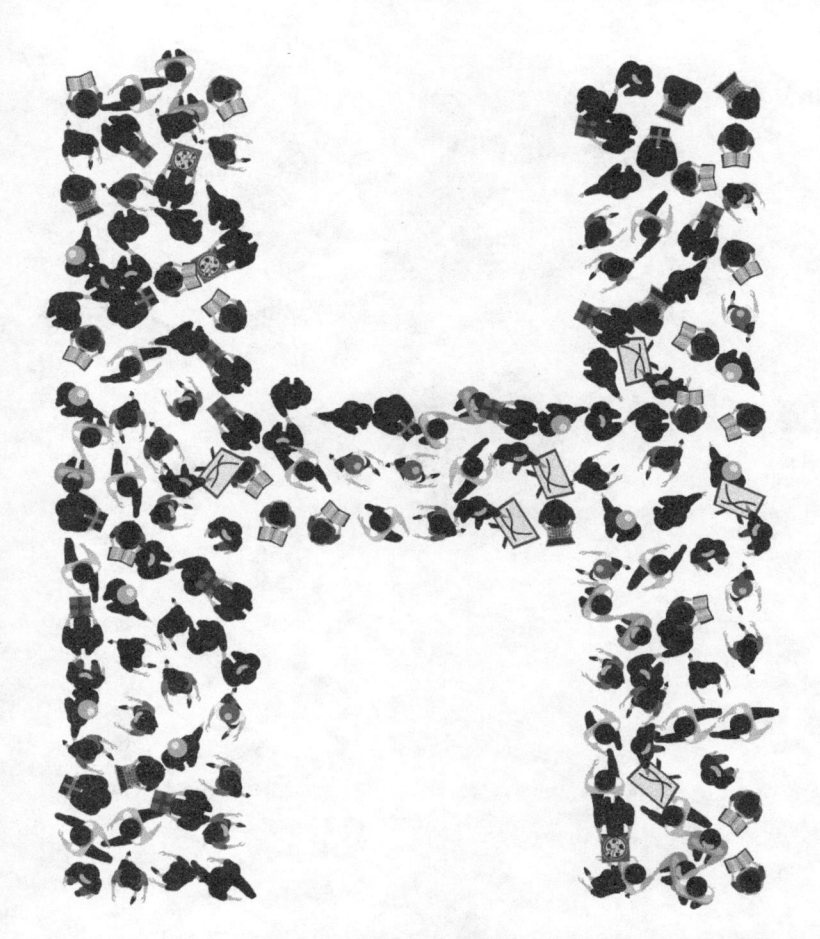

HOMO SOLIDARICUS
Derrubando o mito do ser humano egoísta

Wegard Harsvik | Ingvar Skjerve

Traduzido do norueguês por Leonardo Pinto Silva

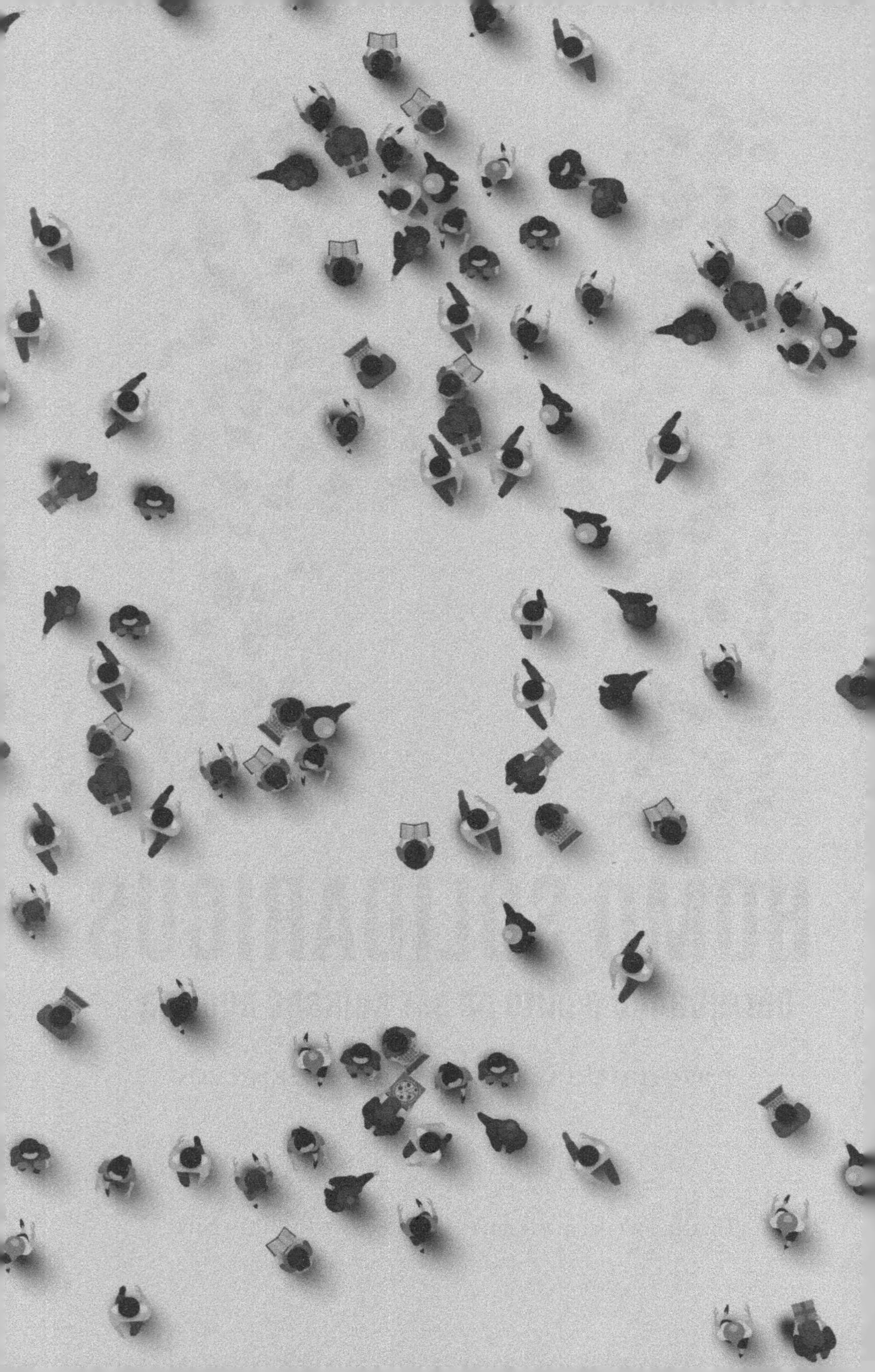

Prefácio à edição brasileira

Sermos publicados no Brasil tem um sabor muito especial para nós. Participamos ativamente do movimento popular antiglobalização que floresceu no final dos anos 1990 e no início da década de 2000. Nosso engajamento inspirou-se bastante no Movimento Sem Terra (MST) e naquele que estava prestes a se tornar uma agremiação hegemônica, o Partido dos Trabalhadores.

Talvez soe um tanto paradoxal o fato de que muitos (então) jovens, idealistas e social-democratas noruegueses, nascidos e criados num país considerado modelo para socialistas de outras partes do mundo, tenham voltado sua atenção para esses movimentos brasileiros em busca de inspiração. Havia uma energia emanando dessa mobilização popular, tanto no Brasil quanto em outras partes da América Latina, que nos atraía e estimulava. Embora tenhamos percebido que a luta por um Estado de bem-estar e pela garantia dos direitos trabalhistas fosse, principalmente, uma ação defensiva, esses movimentos estavam cheios de crença no futuro e tinham uma pujança e um frescor nada dogmático — algo que, em nossa avaliação, faz falta em nossas instituições e organizações norueguesas mais sólidas.

A onda da esquerda latino-americana é, se ainda existente, bem diferente de então. Seja como for, a situação no Brasil de hoje é radicalmente outra. De exemplo de compromisso popular e esperança para a esquerda em muitos países, o Brasil vem sendo nos últimos anos governado por pessoas que têm como guias nomes como Ayn Rand, Friedrich Hayek,

Ludwig von Mises e Milton Friedman. Centros de estudos como o Instituto Millenium e o Instituto Mises Brasil se consolidaram, passaram a ser apoiados por políticos e empresas proeminentes e moldam o debate público. E os responsáveis por comandar o país hoje são políticos que se situam no extremo espectro da direita global. Como afirmou o líder da influente Atlas Network na *Forbes*,[1] foram os liberais que, ao longo dos anos, pavimentaram a plataforma ideológica que tornou possível o governo Bolsonaro.

Não estamos em posição nem seria nosso papel desfiar um rosário de experiências, nem dar quaisquer conselhos aos brasileiros sobre os caminhos a seguir. O que podemos dizer é que o movimento trabalhista norueguês, diante das conquistas que alcançou até hoje, enfrentou longos períodos de adversidades e uma série de derrotas acachapantes. Embora estejamos constantemente lutando contra iniciativas cada vez menos dissimuladas de reverter seus avanços, chegamos ao ponto em que político algum na Noruega almejará vencer as eleições encabeçando num programa que vise a desmantelar o Estado de bem-estar social ou tolher o movimento sindical. Até nossa relativamente grande agremiação populista de direita, o *Fremskrittspartiet*, Partido do Progresso, que prefere ser descrito como "popular liberal", vai às urnas prometendo investir mais dinheiro dos impostos em cuidados a idosos e infraestrutura pública.

Mudar a sociedade valendo-se da democracia como meio pode ser um processo lento e, por vezes, até frustrante. Não é este o caso, porém, pois ainda que muitos argumentem que a justiça social e econômica e a igualdade contrariam nossa natureza humana, a realidade é o oposto disso. O anseio por justiça, união e solidariedade cala fundo em todas as pessoas. A evolução moldou assim nossas estruturas cerebrais. Não é algo que possa ser simplesmente apagado. Essa é uma das principais mensagens deste livro. Esperamos que possa servir de inspiração e oferecer argumentos para o árduo trabalho de construção de movimentos e sociedades que tenham esses valores como premissas.

"Outro mundo é possível" foi o grito de nossas vozes críticas à globalização no início deste milênio. À medida que nos distanciamos dessa realidade, nos aproximamos de uma crise climática, de mais desigualdades, de uma extrema direita agressiva, e agora estamos lutando para debelar uma pandemia que já dura dois anos. Está muito nítido para nós que um outro mundo, um sistema econômico e social mais justo e estável não só é possível, mas necessário.

Wegard Harsvik e Ingvar Skjerve
Oslo, dezembro de 2021

Índice

5   Prefácio à edição brasileira

10   **As pessoas são legais**
A direita e a natureza
As grandes questões

20   *Homo economicus* — o ser humano econômico
Quem é o Homo economicus? | O taylorismo | Incentivo contraproducente | Esvaziando a motivação | A demanda por justiça | Remuneração igual para trabalhos iguais | Uma nova perspectiva do ser humano | Economistas dissonantes

43   O ser humano egoísta — o exemplo de Ayn Rand
Quem foi Ayn Rand? | A sociedade não existe | Contos de fadas para homens de negócios | O estorvo das leis e regulamentos | O culto "Coletivo"

61   O *Homo solidaricus* e a natureza
Duas formas de seleção natural | Adaptação e pressão externa | Estratégias estáveis | A sobrevivência *do mais amistoso* | A evolução canina | Nossos parentes bonachões

77   A maioria é feita por "nós"
Colaboração por toda parte | Colaborando com parentes | Grupos de pássaros *e leões* | Solidariedade entre os vampiros | Combatendo parasitas e trapaceiros | Tudo está conectado | Interdependência

94 O ser humano é corpo e biologia (e cultura)
O cérebro é o protagonista| Racionalidade limitada | O cérebro não está sozinho | Solidariedade em nossos genes? | Imitação | Empatia e simpatia | Empatia, uma obra em progresso | O altruísmo existe? | Justiça | Dinheiro e sexo | A origem da linguagem | Alianças | É ou deveria ser? | Cultura | Revolução no bando de chimpanzés? | Memética | Adaptabilidade extraordinária

137 O mundo de ontem
De onde vem o altruísmo? | Fofoca e senso comum | Reconciliação | Jardins de infância

147 A política e o futuro
De cada qual, segundo sua capacidade; a cada qual, segundo suas necessidades | Desigualdade e custos da pobreza | Lagostas e legislação trabalhista | O preço da desigualdade | A maioria prefere igualdade | A escassez emburrece | Confiança como causa e efeito | Confiança | O círculo virtuoso | O supermodelo | O lado sombrio do coletivismo | Adolf Hitler e o sonho de cordialidade e amizade | Fissuras no "Lar do Povo" | O futuro pertence ao *Homo solidaricus*

185 Agradecimentos

186 Notas

195 Bibliografia

As pessoas são legais

A maioria das pessoas é gente muito boa. Esse é um dado estimulante corroborado por um número crescente de pesquisadores. Biólogos, neurologistas, economistas, antropólogos e psicólogos estão a todo instante fazendo novas descobertas sobre o ser humano e a natureza, fundamentados pelos avanços científicos das últimas décadas. Uma verdadeira avalanche de publicações deixou evidente que, dadas as condições necessárias, os humanos nascem com a capacidade de se relacionar bem uns com os outros, cooperar e partilhar. É bom viver em sociedades fundadas nessas premissas.

Uma das histórias que nos motivou a escrever este livro é, aparentemente, banal. Um conhecido nosso perdeu a carteira durante a corrida matinal que fazia às margens do lago Sognsvann, em Oslo, recheada de cartões bancários, carteira de motorista e diversos outros pertences pessoais absolutamente necessários para viver com relativa normalidade na Noruega. Felizmente, outro corredor quer se exercitava ali a encontrou no mesmo dia, procurou o proprietário no Google, telefonou para ele e combinou de deixar a carteira perdida com o gerente de um supermercado nas redondezas. Apesar do revés momentâneo, nosso conhecido foi poupado de uma série de aborrecimentos.

Essa história pode não parecer tão especial para quem vive nos países nórdicos. Muita gente por aqui passou por situações semelhantes, cujo desfecho de felicidade e alívio não parece ser motivo de comemoração. Afinal, o que haveria para comemorar diante de desconhecidos que se comportam de maneira minimamente decente? Ao pensarmos assim, perdemos de vista o fato de que esse relato poderia ter um desfecho bem diferente, sobretudo caso nosso amigo tivesse perdido a carteira numa metrópole norte-americana ou nos subúrbios de Calcutá.

Uma sociedade em que as pessoas se preocupam em devolver uma carteira perdida sem lhe subtrair o conteúdo ou fraudar os dados bancários de seu dono não é algo natural. Na verdade, levando em consideração o cenário global, somos muito afortunados de viver, trabalhar e criar os filhos num lugar assim.

Na verdade, pesquisadores passaram um bom tempo investigando as razões disso. Num projeto de grande escala, 17 mil carteiras foram abandonadas e rastreadas em 355 cidades de quarenta países. Surpreendentemente, chegou-se à constatação de que era mais comum as carteiras serem devolvidas com dinheiro do que vazias. Menos surpreendente foi constatar que a tendência de essas carteiras serem restituídas, independentemente do conteúdo que tinham, era maior em sociedades *igualitárias*. A probabilidade maior era na Suíça, depois Noruega, seguida por Países Baixos, Dinamarca e Suécia. (Os resultados foram publicados na prestigiosa revista *Science* sob o título "Honestidade e cidadania pelo mundo", em meados de 2019.)[2]

Naturalmente, pode-se arguir que nem todas as carteiras perdidas nos países nórdicos são recuperadas. A questão é que a *chance* de isso acontecer aqui é maior que em outros lugares do planeta, e para isso concorrem várias razões.

Em primeiro lugar, a probabilidade de que alguém que encontre uma carteira extraviada precise daquele dinheiro para sobreviver é muito menor em Oslo do que em Calcutá.

Em segundo lugar, conseguimos estabelecer na Noruega uma sociedade em que o grau de confiança entre as pessoas é extremamente alto. O sujeito legal que achou a carteira do nosso amigo tinha a certeza, antes de mais nada, de que encontraria do outro lado do telefone um cidadão decente, que não o acusaria de tê-lo roubado. Depois, confiou que o gerente do supermercado não cometeria, ele mesmo, o roubo. Por tudo isso, valia o esforço de entrar em contato com o proprietário da carteira.

Em terceiro lugar, quase todo mundo tem um smartphone hoje em dia. Se você encontrar uma carteira, é relativamente fácil chegar à pessoa que a perdeu. Nesse contexto, ser um cidadão honesto não requer muito esforço quando se vive numa sociedade igualitária com alto grau de confiança mútua e elevado nível de acesso à tecnologia.

Com o passar do tempo, fomos descobrindo o que é necessário para criar sociedades assim. Cada um a seu modo, nós, que escrevemos este livro, podemos atestar sem sombra de dúvidas que as pessoas, sob as condições certas, podem ser simpáticas, prestativas e predispostas a cooperar e partilhar. Pesquisas de várias disciplinas distintas — como psicologia evolucionista, antropologia, economia comportamental e teoria dos jogos — mostram como o *Homo sapiens* também pode ser o *Homo solidaricus*. (E, sim, estamos cientes de que isso não é latim correto. *Romanes eunt domus!*[a]) Mas quando começamos a discutir esses assuntos, descobrimos que algumas respostas para os enormes desafios que temos pela frente não eram tão amplamente conhecidas.

Devemos salientar, aliás, que não somos biólogos, psicólogos nem economistas comportamentais. Ambos somos animais políticos — *zoon politicon*, na definição aristotélica —, com uma extensa carreira no movimento sindical e em par-

---

[a] N.T.: Os autores aludem a uma passagem do filme *A vida de Brian* (1979), do grupo satírico inglês Monty Python, em que o protagonista é flagrado por um centurião romano ao pichar um muro com a frase "Romanos, vão para casa" escrita de forma errada. O correto seria "Romani ite domus!".

tidos de esquerda noruegueses. É com esse olhar que lemos, escrevemos e, possivelmente com certa autonomia, selecionamos os resultados e as pesquisas de todas essas disciplinas. Não temos a capacidade nem a pretensão de escrever nenhum tratado sobre o ser humano, a natureza e a sociedade. O que esperamos é abrir os olhos para que mais pessoas enxerguem perspectivas novas e instigantes. Por isso, precisamos, num esforço coletivo — e temos uma larga tradição neste particular —, descobrir como podemos assegurar que os países nórdicos continuem a ser lugares em que não é tão perigoso perder a carteira durante uma corrida matinal. E quanto a isso estamos absolutamente certos: a grande maioria de nós, humanos, gostaria muito de viver em sociedades assim.

A direita e a natureza

Comecemos então examinando como algumas noções difundidas da natureza humana tiveram, e continuam tendo, uma grande repercussão política.

"Quem não é radical quando jovem não tem coração, e quem não é conservador quando adulto não tem cérebro", diz um conhecido ditado que assinala a percepção de que a direita é factual e realista. A esquerda seria motivada pela emoção e pelo idealismo, enquanto a direita é conduzida pela lógica fria e pela compreensão da ciência e da natureza humana. A visão otimista que a esquerda tem da humanidade e das possibilidades de criar sociedades pacíficas e justas não parece corresponder à realidade crua nem à ciência de como as pessoas realmente são e agem.

Há uma série de objeções a isso. Em primeiro lugar, nem o estudo da evolução humana nem a neurociência pintam um quadro tão sombrio e pessimista de nós, ao contrário do que muitos acreditam. Em segundo lugar, a aspiração esquerdista por sociedades pacíficas não tem origem necessariamente apenas no coração, mas também nasce de um raciocínio puramente egoísta. É melhor viver em sociedades solidárias — para qualquer um que viva nelas. Voltaremos ao assunto na última parte do livro.

Em terceiro lugar, há razão para questionar se os pensadores de direita têm uma imagem tão realista e precisa de como somos segundo eles próprios acreditam. Examinemos melhor esta afirmação:

"Se todas as pessoas agirem em prol de seus próprios interesses, a soma de suas ações levará ao melhor para a sociedade como um todo e para todos os que nela vivem — como se tudo fosse governado por uma mão invisível."

Eis aqui a essência das teorias do filósofo moral escocês Adam Smith, que costuma ser considerado o fundador do que chamamos de economia social. Da maneira como foram enunciadas, suas ideias tiveram um enorme impacto na forma como as nossas sociedades ocidentais estão estruturadas. As teorias de Smith não abordam apenas como os humanos *deveriam* ser, mas também como a natureza humana realmente é *segundo sua opinião* e, portanto, como devemos construir nossas sociedades nos adaptando a ela. No entanto, Adam Smith escreveu sua obra-prima *A riqueza das nações* (1776) antes mesmo do nascimento de Darwin e, assim, não fazia a menor ideia dos insights que adquirimos sobre a biologia ao longo dos últimos duzentos anos. Alguns políticos, porém, acreditam que a sociedade deve continuar alicerçada sobre essa compreensão desatualizada que Smith tinha da natureza humana. O ex-presidente do Partido do Progresso norueguês Carl I. Hagen, por exemplo, descreveu assim a agremiação de extrema direita da qual esteve à frente por vários anos: "Decidi (...) declarar que a plataforma ideológica do Partido Progressista era a economia de mercado liberal, como Adam Smith explicou no livro *A riqueza das nações*, o qual, admito, nunca li, mas já ouvi muito falar".[3] Se Hagen o tivesse lido, talvez descobrisse que Smith era de fato muito mais nuançado do que costuma ser retratado.

É preciso ressaltar que Carl I. Hagen não é o único que se fia nas ideias atribuídas a Adam Smith sem jamais ter lido uma só linha do que o autor de fato escreveu. Como acontece com vários outros grandes pensadores, há um debate intenso sobre o que Smith *realmente* quis dizer — e nele o livro *Teoria dos sentimentos morais*, no qual Smith pinta um quadro muito diferente da humanidade, costuma ser sempre citado. Não obstante, Smith talvez seja a principal fonte quando o assunto é uma suposição de interesse próprio por trás do bem público. Tentaremos mostrar que essas ideias do século XVIII vão de encontro ao que agora sabemos sobre como o ser humano e nossos parentes evolutivos realmente se comportam.

As grandes questões

Na abertura do seu best-seller *A era da empatia* (2009), ao qual recorremos bastante neste livro, o biólogo Frans de Waal faz a maior de todas as perguntas:[4] por que estamos aqui? Qual o sentido da vida? Duas das respostas mais significativas — à parte aquelas que provêm das diferentes religiões — são, segundo De Waal, o postulado dos economistas de que aqui estamos para consumir e produzir, e a afirmação dos biólogos de que estamos aqui para sobreviver e nos reproduzir. Não é por acaso que essas respostas são semelhantes, acredita De Waal. A conclusão a que economistas e biólogos chegaram não sugere que o propósito da vida seja competir por recursos e obter o maior número possível de descendentes. Ambas se originam no espírito da época que predominava na Revolução Industrial na Inglaterra — uma era que acabou nos legando pensadores como Adam Smith. A frase "sobrevivência do mais apto" foi primeiro enunciada pelo filósofo britânico Herbert Spencer, cinco anos depois de *A origem das espécies*,[5] de Darwin. A expressão também foi empregada por Darwin, que em princípio usou o termo "seleção natural" para designar o mecanismo que determina quais características serão transmitidas às novas gerações. Com base na observação de que os mais adaptados sobrevivem, Spencer concluiu que essa teoria era um bom modelo de edificação social. Suas reflexões sobre "o direito do mais forte" ressoaram especialmente na nova burguesia industrial da época. A classe alta de outrora justificava sua posição por meio da religião: aquele a quem Deus deu um título também deu um propósito. O mesmo se aplicava à distribuição de bens tangíveis. O rei era soberano pela graça de Deus, e a Igreja pregava que todos deveriam permanecer na condição em que nasceram. O mito do "sangue azul" da realeza sugere que, em certa medida, as pessoas acreditavam em diferenças biológicas verdadeiras.

Com a Revolução Industrial, surgiu um novo tipo de classe dominante. Não raro, essa nova burguesia começava a emergir do meio do povo. Portanto, convinha a eles uma visão de mundo que reafirmasse que sua ascensão era mais merecida e, portanto, não havia obrigações para com aqueles que ainda se mantinham mais abaixo na escala social. Nos Estados Unidos, o contingente de pessoas dispostas a assumir grandes riscos pessoais em busca da felicidade também era expressivo. A jornada do Velho Mundo para o Novo era, literalmente, um risco à vida e, para muitos, significou dizer adeus para sempre aos amigos e familiares no país do qual partiam. Uma vez que a maior parte dessas pessoas aspirava a uma vida melhor por meio do trabalho realizado com as próprias mãos, chegou-se a uma sociedade que valorizava exatamente essa mentalidade. Portanto, não é surpresa que as ideias de Spencer tenham ganhado relevância nos Estados Unidos, destaca De Waal.

Desde a época de Darwin e Spencer, costuma-se recorrer à "natureza" em busca de argumentos que corroborem que seu modelo ideal de sociedade se origina na própria essência do ser humano. Não é de estranhar que seja assim. À medida que se expandiu o conhecimento das semelhanças entre nós, humanos, e outros animais, tornou-se cada vez mais importante procurar paralelos que indiquem como devemos organizar nossa sociedade. Os defensores da competição sem limites e dos abismos sociais recorrem entusiasmadamente à evolução e à teoria darwinista. Ambas são usadas tanto para explicar como para justificar por que existem grandes diferenças entre seres humanos. Quando o ex-líder patronal sueco Leif Østling argumenta que os mais ricos deveriam ter direito a um lar de idosos num padrão com que os aposentados comuns mal podem sonhar é em Darwin que ele embasa seu raciocínio. A mensagem que dirigiu aos aposentados mais pobres no diário *Expressen* não deixa dúvidas disso: "Costumo dizer que a natureza também não é igual. Temos diferentes precondições genéticas, e a natureza nos fez assim. Então, tudo isso é embasado por um conceito teórico apoiado em Darwin e na teoria da evolução. Não é apenas uma questão social. É algo herdado biologicamente".[6]

Não foi por acaso, acredita De Waal, que esse argumento também foi usado no famoso discurso "A ganância é uma dádiva" proferido pelo especulador Gordon Gekko no filme *Wall Street*, de 1987:

A questão, senhoras e senhores, é que a ganância — na falta de uma palavra melhor — é boa. A ganância é correta. A ganância funciona. A ganância evidencia, permeia e captura a essência do espírito evolucionário.

Ocorre que pesquisas recentes mostram que a evolução não envolve apenas ganância e interesse próprio. A direita e seus economistas não podem usar unilateralmente a biologia e a teoria da evolução como argumentos. Pelo contrário: nossos parentes evolutivos mais próximos, assim como outras espécies animais, demonstram um grau surpreendente de preocupação com cooperação e justiça, zelam pelos seus semelhantes mais fracos e exibem sinais de empatia.

Recentemente, vários pesquisadores desenvolveram um novo modelo de como o *Homo sapiens* se desenvolveu na África. As novas teorias se afastam da noção anterior de que o humano moderno tenha surgido num só lugar — uma espécie de Éden ou o berço da humanidade — para depois se espalhar pela África e, de lá, para o resto do mundo. Novas descobertas indicam que nos desenvolvemos em grupos, eventualmente isolados por condições climáticas e geográficas, mas sempre mantendo contato entre si intercambiavam cultura e genes. Normalmente, as espécies animais com populações isoladas terminarão divididas em subespécies, mas nossa franca propensão para descobertas, aventuras e socialização manteve o *Homo sapiens* unido. Essa cultura de colaboração influenciou diretamente nosso desenvolvimento genético.[7]

A maior parte da natureza é, de uma forma ou de outra, um "nós",[8] nas palavras do biólogo e escritor norueguês Dag O. Hessen. Os humanos são animais gregários, de estreita coesão social. Às vezes estamos em conflito interno ou com os outros, mas na maioria das vezes queremos viver em paz e em harmonia. Um modelo social que não leve isso em consideração não se adapta bem a nossa natureza humana.

Claro, também somos movidos por status, defendemos aquilo que acreditamos nos pertencer e podemos ser muito egoístas. Se nos sentirmos ameaçados, podemos ser duros e, dito eufemisticamente, nos recusarmos a cooperar. Não podemos ignorar esses traços. A história está repleta de atos cruéis, perpetrados por indivíduos ou pela massa. Mas, em nossas economias de mercado ocidentais, a ideia de egoísmo, competição e conflito há muito tempo vem servindo de bússola a nos guiar pela sociedade.

Homo economicus – o ser humano econômico

A ex-primeira-ministra britânica Margaret Thatcher afirmou certa vez que "a economia é o método. Mas o objetivo é modificar a alma humana".[9] O indivíduo egoísta e calculista que muitos pensadores de direita enaltecem costuma ser chamado de *Homo economicus*. A autora e professora Karine Nyborg, do Departamento de Economia da Universidade de Oslo, descreve assim essa concepção de personalidade:[10]

Imagine o seguinte: um homem liga para a ala pediátrica de um hospital onde, com base num exame falsificado, trabalha como médico. Ele contraiu uma doença contagiosa, explica ele, e precisa ficar em casa. Em seguida, sai, pega um táxi e pede para ser levado até um shopping center, desce do carro sem pagar, se mistura com a multidão, senta-se à mesa de um restaurante e pede um almoço, que desfruta enquanto compila os resultados de uma pesquisa que vai apresentar em seu próximo artigo científico. Em seguida, deixa os talheres sobre o prato, se levanta e vai embora sem pagar um centavo. A caminho de casa, passa pelo quintal do vizinho e leva consigo as roupas que estavam penduradas para secar ao sol. Uma manhã comum na vida do Homo economicus — o modelo mais utilizado pelos economistas para compreender a motivação e o comportamento humanos.

Se todos agissem assim, é óbvio que nossa sociedade seria diferente da que estamos acostumados. Jamais deixaríamos roupa alguma secando sozinha no varal do quintal.

Motoristas de táxi, passageiros, garçons e comensais de um restaurante gastariam enormes recursos policiando uns aos outros, ou o estabelecimento simplesmente encerraria suas atividades; e autoridade alguma aceitaria pagar uma licença médica para uma doença autorreferida.

Quem é o Homo economicus?

Karine Nyborg traduz a expressão latina desta forma:

O enunciado mais simples reza que as características principais são a racionalidade perfeita, o egoísmo perfeito e o autocontrole perfeito. O Homo economicus só se preocupa com seu próprio acesso aos bens privados e coletivos. Ele é extremamente inteligente, capaz de realizar os cálculos mais complicados sem esforço. Tem excelente autocontrole e capacidade de formular e executar planos de longo prazo. Além disso, é cinicamente calculista e usa todas essas habilidades para favorecer consistentemente seus próprios interesses.

É claro que não se preocupa apenas com bens materiais. Também deseja um clima estável, biodiversidade e paz em nível global. O problema é que ele nunca faz nada além do que satisfazer a seus interesses. Nunca comprará bilhetes aéreos com compensação de carbono, por exemplo, pois em vez disso pode gastar esse dinheiro em algo mais divertido ou útil, e dificilmente perceberá alguma redução na temperatura global como resultado de sua própria contribuição. Neste caso, trata-se de um passageiro que voa sem pagar e espera que os outros tomem alguma atitude. Amor, ódio, amizade, status social ou dever moral são conceitos estranhos a ele. Não se trata de alguém antissocial ou imoral, mas associal e amoral. Ele simplesmente não dá a mínima.

Se o Homo economicus *fosse se consultar com um psiquiatra, é possível que saísse do consultório com um diagnóstico relativamente grave. O transtorno de personalidade dissocial seria uma hipótese plausível.*

O modelo — ou, melhor dizendo, a caricatura — do *Homo economicus* foi bastante burilado. Tudo, desde o sistema escolar a esquemas de bonificação no mundo dos negócios e de segurança social, se baseia numa visão que, em essência, considera as pessoas fundamentalmente preguiçosas e egoístas. Imaginando as pessoas como o *Homo economicus*, logo chegamos à conclusão de que certos estímulos dão conta de resolver a maioria dos nossos problemas. Assim sendo, basta oferecer bônus para incentivar funcionários e notas para estimular alunos a ter um bom desempenho, e recorrer a punições para tirar doentes e desempregados da inércia.

Pesquisadores e intelectuais passaram gradualmente a se debruçar sobre esse quadro. Sabe-se desde a década de 1970 que os indivíduos podem ser motivados por outras coisas além de estímulos externos, e que tanto a punição quanto a recompensa podem, na verdade, ser contraproducentes. O historiador neerlandês Rutger Bregman é um dos que escreveram sobre o assunto. Tanto no livro *Utopia para realistas* como em *Humanidade — Uma história otimista do homem*, Bregman ressalta que, uma vez conhecida a força motriz que nos leva a realizar nosso trabalho e apresentar resultados diariamente, a maioria de nós chegará à conclusão de que essa imagem não corresponde à realidade. Sabemos que somos estimulados por razões muito mais diversas do que ganhos pessoais, aponta ele.[11]

No entanto, observa Bregman, muitos estão convencidos de que os sistemas devem ser construídos em torno de "cenouras e chicotes", porque acreditamos que *os outros* são incapazes de fazer qualquer esforço exceto quando estimulados por esses incentivos. O professor Chip Heath, da Universidade de Stanford, chama a isso de "*extrinsic incentives bias*" ["vieses de incentivos extrínsecos"] — uma expressão não tão fácil de traduzir, mas que significa algo como "conclusão errônea sobre estímulos externos".[12]

Segundo Heath, trata-se de uma falácia que consiste em atribuir a outras pessoas motivos diversos para suas ações a partir daqueles que reconhecemos em nós mesmos. Presumimos que os outros agem como agem apenas em troca de uma recompensa, como dinheiro, por exemplo. Heath analisou, entre outros fatores, as condutas de estudantes de direito, e verificou que 64% deles disseram que optaram por estudar Direito porque a disciplina lhes interessava ou porque tinham um forte desejo de se tornarem advogados. Apesar disso, apenas 12% achavam que os outros alunos eram motivados pela mesma coisa que eles. A esmagadora maioria pensa que "os outros" estão correndo atrás, principalmente, de dinheiro e prestígio.

O taylorismo

Essa visão do que de fato motiva as pessoas influenciou fortemente o sistema capitalista moderno. Bregman cita o taylorismo e o comportamentalismo como teorias importantes neste particular. Muito já se ouviu falar do taylorismo, ou administração científica, que leva o nome de Frederick Taylor e foi apresentado no livro *Princípios de administração científica* (1911). Taylor considerava o trabalho algo que "consiste principalmente em atividades triviais e modorrentas. A única maneira de levar as pessoas a fazê-las é dando-lhes os incentivos certos e monitorando-as de perto". De acordo com Taylor, os trabalhadores eram fundamentalmente preguiçosos e procuravam realizar o mínimo possível. Portanto, precisavam ser mantidos sob escrutínio permanente, e por isso Taylor aconselhou todos os patrões a mensurar e monitorar a produção meticulosamente.

O taylorismo ainda está vivo e bem. Sabemos disso pelos relógios de ponto e cronômetros em certos ambientes de trabalho, nos quais os funcionários têm um determinado número de minutos reservados para cada tarefa — seja para fazer refeições, beber água ou usar o banheiro. Há pouco espaço para a interação humana sob o taylorismo. Sabemos disso nas centrais de teleatendimento, em que todos os funcionários são monitorados e todas as conversas ficam registradas. A visão que Taylor tinha do ser humano era desalentadora. Entrou para a história sua convicção de que "o primeiro requisito para um operário trabalhar com ferro-gusa é que ele seja tão estúpido e fleumático que pareça um boi. Alguém alerta e inteligente, portanto, não é adequado para esse tipo de trabalho monótono. Portanto, o indivíduo mais apto para trabalhar com ferro não consegue entender a ciência por trás desse tipo de trabalho".[13]

Mesmo nas chamadas profissões criativas, a mensuração do esforço, eficiência e produtividade do indivíduo está no seu auge. O mesmo vale para a crença de que o ser humano é uma criatura calculista, que precisa de uma cenoura ou de um chicote como motivação. A razão para pesquisadores publicarem seus estudos e para médicos aferirem a quantidade de pacientes atendidos é o acesso a mais recursos, o que resultará em novos esforços. Esse mecanismo de recompensa é o cerne do que se conhece hoje como gerenciamento de metas, ou *Nova Gestão Pública*.

Incentivo contraproducente

O behaviorismo é uma teoria do comportamento humano, uma espécie de prima das teorias que sustentam do taylorismo, há muito prevalente entre os psicólogos. Os behavioristas diziam que o ser humano é passivo por natureza. Precisa ser estimulado à ação por meio do desejo de ser recompensado — ou pelo medo de ser punido. Bregman destaca que já se passaram cinquenta anos desde que o jovem psicólogo Edward Deci percebeu que havia algo fundamentalmente errado com essas premissas. Isto porque, à sua volta, ele percebia que as pessoas continuavam fazendo as tarefas mais insanas sem receber nada em troca. Escalavam montanhas mais altas, exploravam o espaço sideral — muitas até tinham filhos, o que é uma experiência extremamente exaustiva. Deci afirmou que, por livre e espontânea vontade, fazemos várias coisas que não nos rendem um tostão, e ao mesmo tempo nos demandam enorme esforço. As pessoas se reúnem em parques para jogar futebol aos domingos — algumas até mesmo já mais idosas, que insistem na disputa arriscando contundir uma perna ou até mesmo pondo a própria vida em risco numa bola dividida — sem um único centavo de compensação por isso. O egoísmo não se sustenta neste caso como modelo explicativo.

Em meados de 1969, Deci também fez outra descoberta, que aparentemente contradizia tudo o que era comum na época. Descobriu-se que chicotes e cenouras, em determinados contextos, pioram o desempenho das pessoas. Quando ele deu a seus alunos um dólar para executar uma tarefa, eles próprios perderam o interesse na tarefa em si. "O dinheiro parece reduzir a motivação moral interior que as pessoas têm para exercer uma atividade", escreveu ele mais tarde.

Na época, essa foi uma afirmação extraordinária, com consequências de longo prazo. A maioria dos economistas estava muito feliz com a imagem do *Homo economicus* para abrir mão dela por moto próprio. Ganhadores do Prêmio Nobel de Economia declararam que o estímulo econômico deveria extrapolar o impulso interior que motiva as pessoas. Se um aluno gosta de resolver uma tarefa difícil, o dinheiro como recompensa só o deixará ainda mais entusiasmado, afirmam os economistas.

Nem os psicólogos se deixaram convencer disso a princípio. Para os defensores do behaviorismo dominante, era inconcebível que a recompensa pudesse tornar as pessoas menos motivadas para realizar uma tarefa. Mas Deci e outros continuaram a investigar esse fenômeno instigante. Logo apareceram muitos outros resultados que apontavam na mesma direção.

Gaute Torsvik é professor do Departamento de Economia da Universidade de Oslo. É dele o relato sobre um estudo de jardim de infância de Israel que pesquisou, no final da década de 1990, as consequências de multar os pais que chegassem atrasados para buscar as crianças após o turno escolar.[14, 15] O objetivo, claro, era fazer com que todos chegassem na hora certa, mas o estudo mostrou um resultado surpreendente. Em vez de aumentar a pontualidade, o problema de pais que chegavam atrasados *aumentou*. O número de pais multados por chegarem atrasados duplicou em relação ao grupo de controle que não foi multado. Em valores atuais, a multa era de fato simbólica, equivalente a quinze reais caso se atrasassem mais de dez minutos após o encerramento das aulas. A explicação mais provável não é que a multa não fosse alta o suficiente, mas que ela encobre e desvia o foco de outras razões, diz Torsvik.

Antes das multas, os pais poderiam achar que tinham o dever moral de pegar seus filhos na hora, um dever que ocasionalmente deixavam de cumprir. As multas deslocaram a questão do âmbito moral para o âmbito do mercado, de modo que os pais multados passaram a crer que passaram a ganhar um pouco mais de tempo para buscarem seus filhos.

Exemplos semelhantes existem aos montes. Num estudo sueco de 2008, pesquisadores investigaram qual seria o efeito se os doadores de sangue recebessem cinquenta coroas suecas [cerca de trinta reais] a cada vez que doassem sangue. Isso resultou não em mais, mas em menos doações.[16]

Vários estudos sugerem que oferecer remuneração em troca de desempenho no âmbito de atividades voluntárias e beneficentes não funciona muito bem. Em outro experimento, os pesquisadores examinaram o efeito de recompensar voluntários que arrecadassem dinheiro para uma instituição oncológica. A um grupo foi prometido o pagamento correspondente a 1% do que arrecadassem; a outro, 10%, enquanto um terceiro grupo não recebeu pagamento algum. Nesse estudo, a quantia de dinheiro arrecadada foi menor no grupo que recebeu uma comissão mais baixa e um pouco maior no grupo que recebeu mais. Mas o grupo que não recebeu recompensa arrecadou, de longe, a maior parte do dinheiro.[17]

Esvaziando a motivação

Rutger Bregman destaca como pesquisadores da Universidade de Massachusetts examinaram 51 estudos desse tipo em todo o mundo e descobriram o que chamaram de "evidência contundente" de que bônus e recompensas têm o efeito de solapar o ânimo e a motivação interna das pessoas. Além disso, concluem os pesquisadores, esse tipo de incentivo compromete a criatividade e a descoberta de novas soluções. Cenouras e chicotes são apenas mais do mesmo. Se um trabalhador é pago por hora, não há incentivos para descobrir alternativas para executar o mesmo trabalho em menos tempo ou usando menos recursos.

Não é apenas o capitalismo ocidental moderno que está lutando contra isso. Nos antigos regimes comunistas de controle central, os planos e o estabelecimento de metas eram uma ferramenta fundamental. Fábricas, hospitais, bancos e universidades tinham que aderir a cotas e metas em planos quinquenais. Os resultados eram os mais estapafúrdios quando a produção de móveis era medida em toneladas, ou as pessoas eram obrigadas a contar o número de pregos produzidos numa fábrica. Garantia de inovação ou qualidade não havia.

Pelo contrário, esses sistemas podem contribuir para consolidar formas menos racionais de trabalho. Os incentivos funcionam, mas nem sempre da maneira como são imaginados. Quando os médicos são mais bem remunerados para operar do que para tratar os pacientes de outras formas, o número de operações dispara. Na Noruega, um novo sistema de gestão dos hospitais foi adotado com ênfase nas operações realizadas e na quantidade de atendimentos. De repente, vários pacientes passaram a ser diagnosticados com apneia do sono — um diagnóstico que, eventualmente, representava um reembolso extra para os hospitais.[18] Quer estejamos falando de um mecanismo dirigido pelo Estado ou pelo mercado, os números e balanços têm a exaustiva tendência de arrefecer os ânimos e a motivação inata que as pessoas têm de fazer um trabalho, escreve Bregman.

Claro está que as pessoas devem ser remuneradas pelo trabalho que realizam. O economista Dan Ariely mostrou que os bônus, usados corretamente, podem ser eficazes,[19] mas isso se aplica principalmente a tarefas simples e rotineiras — como as que Frederic Taylor estudou nas linhas de montagem das fábricas de outrora. "Na realidade atual, essas tarefas são cada vez mais assumidas por robôs, e os robôs são conhecidos por não terem motivação externa ou interna", constata Bregman.

Ele também destaca o trabalho realizado pelo professor Joseph Heinrich e sua equipe, que viajaram o mundo em busca do *Homo economicus*.[20] Os pesquisadores estudaram doze países e quinze comunidades em cinco continentes. Nesses locais, eles realizaram uma bateria de testes com caçadores, coletores, fazendeiros e nômades na esperança de encontrar alguém que se encaixasse na concepção humana que vem orientando as principais correntes da economia desde Adam Smith no século XVIII.

A viagem dos pesquisadores ao redor do globo em busca do *Homo economicus* foi em vão. A cada vez, nas mais diferentes culturas, descobriu-se que as ações das pessoas eram governadas por fatores internos muito mais complicados do que o puro interesse próprio. Uma cultura em que as pessoas em geral agem como o *Homo economicus* ainda está para ser descoberta. Os experimentos realizados pelos pesquisadores mostraram, entretanto, que existe um grupo de pessoas que se comporta de forma bastante semelhante ao modelo do *Homo economicus*: crianças com idades entre três e quatro anos.[21]

Pode-se questionar se nossa luta por uma distribuição igualitária de recursos se trata de egoísmo ou solidariedade. Quem já tentou dividir um pedaço de bolo entre duas crianças sabe que quem fica com o menor pedaço é quem reclama. Sendo assim, a solução salomônica é deixar que um corte o bolo e o outro escolha a fatia primeiro. A resistência em receber menos do que acreditamos que merecemos está profundamente enraizada dentro de nós. Na verdade, está tão arraigada que permitimos que anule até mesmo escolhas que podem parecer mais racionais.

A demanda por justiça

Num dos experimentos que os pesquisadores testaram em muitos países, duas pessoas têm a oportunidade de dividir uma quantia em dinheiro, mas apenas uma chance de fazê-lo. Um dos participantes é convidado a sugerir como o dinheiro deve ser partilhado entre ambos. O outro tem apenas uma tarefa: dizer sim ou não à sugestão. Esse experimento é chamado de "Jogo do Ultimato", uma vez que a sugestão só pode ser feita uma vez pelo primeiro participante. É um "pegar ou largar" em que o outro participante é quem determina o resultado. Caso a resposta seja não, o jogo chega ao fim e ambos os participantes ficam de mãos vazias. Nada de dinheiro.

Se os participantes tomarem uma decisão racional, qualquer oferta de partilha será aceitável para o jogador número dois. Mesmo a menor das quantias é melhor do que nada, que é a alternativa caso a resposta seja não. Caso estejam em jogo cem reais e o primeiro jogador sugira ficar com noventa e destinar dez ao outro, a alternativa racional seria dizer sim. Lembre-se de que as regras do jogo só permitem dizer sim ou não, não é possível negociar uma oferta melhor. Dez reais sempre será melhor do que nada. Ainda assim: na grande maioria dos casos, o jogador número dois rejeita uma partilha de 90/10 bufando de desdém, e ambos os jogadores saem de mãos vazias. Esse resultado é consistente, não apenas em universidades ocidentais, onde o jogo é frequentemente usado para ilustrar o ponto de distribuição justa, mas entre pessoas de diferentes partes do mundo. Também é muito interessante constatar que a grande maioria dos que propõem a divisão dos recursos na verdade o fazem de modo bastante equânime.

Quando os pesquisadores medem a atividade cerebral dos participantes com eletrodos, veem claramente que os jogadores que recebem ofertas injustas ficam indignados. A grande maioria dá o troco abreviando o jogo e deixando o primeiro jogador sem nada como punição por sua proposta injusta.

Remuneração igual para trabalhos iguais

Está disponível no YouTube um experimento fascinante que demonstra o senso de justiça em macacos.[22] Um pequeno macaco-prego entrega uma pedra preta para um pesquisador vestido de branco do outro lado da gaiola. Em troca, recebe um pedaço de pepino, que mastiga satisfeito. Então, acompanha com interesse como seu amigo na gaiola ao lado faz o mesmo — entrega uma pedra preta em troca de uma recompensa. Porém o colega não ganha um pedaço de pepino, mas uma uva, algo que todos os macacos apreciam bem mais que uma sensaborona fatia de pepino. Quando chega a vez do nosso macaquinho de novo, ele bate com a pedra na parede da gaiola como para se certificar de que não há nada errado com ela.

Está tudo certo. Cheio de expectativa, ele entrega a pedra preta e espera sua recompensa. E, mais uma vez, recebe um pedaço de pepino. Contrariado, atira o pedaço na direção do pesquisador. A situação se repete, e o macaco vai ficando furioso a cada vez que recebe uma recompensa diferente pela mesma tarefa que faz seu vizinho. A injustiça não é aceita. "O salário aqui deve ser igual para quem faz o mesmo trabalho!", deve achar o macaquinho. Os animais mais semelhantes a nós, portanto, estão dispostos a jogar fora alimentos com os quais estavam satisfeitos até pouco tempo atrás apenas porque perceberam que seus colegas receberam algo melhor em troca do que fazem. Existe aqui um paralelo com os participantes do Jogo do Ultimato que abandonam o experimento em vez de aceitar uma partilha injusta. Experimentos semelhantes para avaliar o senso de justiça em animais foram feitos com primatas e macacos, e até mesmo com elefantes e cães. Como regra, os pesquisadores chegam aos mesmos resultados. Se dois macacos são obrigados a fazer um trabalho, por exemplo, puxar uma corda para arrastar um prato de frutas apetitosas para perto das gaiolas, ambos exigem seu quinhão. E o recebem. Isso também se aplica quando os experimentos são ajustados para que apenas um tenha acesso à recompensa primeiro e decida sozinho se ela deve ser compartilhada. Os primatas são um pouco mais propensos a aceitar a distribuição distorcida de terceiros ao interagir com parentes próximos ou bons amigos, e demonstram mais egoísmo quando lidam com estranhos que nunca viram antes. Esses padrões obviamente evoluíram conosco, humanos. Eles ajudam a promover a colaboração que tem sido crucial para o nosso sucesso. Preocupar-se com o que os outros recebem não é irracional, pois garante que você mesmo não seja explorado. É do interesse de todos impedir o parasitismo e a exploração.

Uma nova perspectiva do ser humano

Quais conclusões podemos depreender disso? Rutger Bregman acredita que é hora de uma nova visão sobre o ser humano.[23]

Os resultados da pesquisa de Edward Deci e de muitos outros não levaram às mudanças necessárias na forma como nos organizamos na prática (...). No escritório, em empresas de teleatendimento, em nossas instituições educacionais e nos hospitais — em todos os lugares, presumimos que os outros são preguiçosos e egoístas e construímos os sistemas em torno disso.

Ele se refere a uma pesquisa britânica de 2016 que nos mostra algo instigante.[24] Uma grande maioria (74%) da população se identifica mais com valores como ajuda, honestidade e justiça do que com dinheiro, poder e status. No entanto, a mesma pesquisa também evidencia que uma parcela maior ainda — 78% — acredita que as outras pessoas são mais egocêntricas do que elas. Há algo de errado aqui.

A maneira sobre como ponderamos sobre os motivos que levam os outros a se comportar da forma como se comportam não é nada irrelevante. Se presumimos que as pessoas são egoístas e nos tratam assim, não é surpreendente que nós mesmos comecemos a nos comportar dessa maneira. Uma sociedade em que todos os sistemas e instituições são construídos na crença de que somos basicamente *Homo economicus* moldará, forçosamente, as pessoas nessa direção.

Economistas dissonantes

Um fenômeno divertido a esse respeito foi descoberto pelo economista Robert Frank.[25] Há um grupo ocupacional que se comporta como os modelos dos economistas sociais pressupõem — e esse grupo são os próprios economistas. Frank fez experiências com estudantes de economia que, ao longo de seus estudos, puderam experimentar várias das chamadas situações clássicas de jogo, incluindo "O Dilema do Prisioneiro". Descobriu-se que quanto mais os alunos estudavam economia, mais se pareciam com o *Homo economicus*, adotando uma postura cada vez mais egoísta e esperando que os outros se comportassem da mesma maneira. "Nós nos tornamos o que ensinamos", observa Frank.

Num estudo, os psicólogos Sanford De Voe e Jeffrey Pfeffer descobriram que advogados, consultores e outras pessoas que tarifam seus clientes por hora trabalhada acabam cobrando literalmente cada minuto do dia, inclusive quando não trabalham. Isso faz que, por exemplo, advogados que mantêm registros escrupulosos do tempo e dos custos do trabalho os transfiram para a vida além do escritório. Assim, se tornam menos propensos a desperdiçar "um tempo valioso" em atividades voluntárias, por exemplo.

"É simplesmente impressionante como muitos dos principais problemas da sociedade hoje se devem ao fato de termos nos submetido à regra tirânica da cenoura e do chicote",[26] conclui Rutger Bregman. A lista é interminável, ele acredita, e cita como diretores que se concentram apenas nos resultados trimestrais erodem as perspectivas de longo prazo das empresas. Pesquisadores que são mensurados e classificados tendem a maquiar os resultados para serem publicados. Quando a meta é pontuar alto nos testes do Pisa, as escolas priorizam o que não é contado ali. Psicólogos e médicos que cobram por hora tendem a prolongar e aumentar rapidamente o custo do tratamento. E bancários que recebem bônus com base na quantidade de empréstimos que concedem acabam por deixar toda a economia do mundo à beira do colapso.

A extensa pesquisa realizada nas últimas décadas sobre como as pessoas realmente se comportam mostra duas coisas em particular que nos diferenciam da ideia estabelecida do *Homo economicus*. Primeiro, estamos muito mais dispostos a compartilhar uns com os outros e doar mais de nós para a comunidade. Em segundo lugar, tendemos a retribuir na mesma moeda quando os outros não estão dispostos a contribuir ou nos tratam injustamente, mesmo quando isso resulta em prejuízo para nós mesmos.[27] Retaliar o comportamento mau e antipático parece ser uma característica recorrente nas mais diversas culturas ao redor do mundo.

Isso pode ser ilustrado por outro experimento, chamado "Jogo do Deus Comum". Começa-se dividindo os participantes em grupos de quatro pessoas, por exemplo. É importante que os membros de um grupo não saibam a identidade dos demais. Toda a interação ocorre anonimamente. Todos os quatro recebem uma quantia, por exemplo cem reais, que devem repartir: podem escolher contribuir para um fundo comum entre todos os membros do grupo, ficar com o dinheiro sozinhos ou recorrer a algo intermediário, dividindo uma parte com o grupo e guardando a outra parte. Nesse jogo, o fundo comunitário é duplicado e, posteriormente, dividido igualmente entre os participantes. A quantia que cada um guardou para si pode ser mantida. Se um participante pensa apenas em si mesmo, vale a pena ficar com a quantia inteira, mas somente se os demais depositarem seu dinheiro no fundo comum. Para o grupo como um todo, o valor total será maior se todos assim o fizerem. Então vejamos o que acontece concretamente. Se todos depositarem seus reais no fundo comum, o valor acaba sendo duplicado, de 400 para 800, ou seja, serão 200 reais para cada um dos quatro participantes. Se um dos participantes não contribuir com nada e os outros com tudo, teremos 300 reais em dobro, isto é, 600, e cada um dos quatro receberá 150 — enquanto aquele que não contribuiu embolsará os 100 reais que não aplicou no fundo, isto é, ficará com 250 reais. Na prática, vemos que as pessoas contribuem em média com 40% a 60% do que têm. Observando várias dessas iniciativas em conjunto, desenha-se um padrão em que as pessoas, em média, doam entre 40% e 60% para o fundo comum. Existem, é claro, variações individuais, nas quais alguns são egoístas consistentes e guardam tudo para si, enquanto outros compartilham com confiança o valor total. No entanto, algo interessante acontece quando se repete o mesmo jogo várias vezes. A quantidade de pessoas que doam para o fundo comum diminui na proporção de quanto mais vezes se joga. Isso também ocorre quando as pessoas são divididas em novos grupos. Mas, quando se toma um grupo formado por participantes que desejam contribuir muito com o fundo comum, eles conseguem manter esse comportamento desde que estejam num grupo com outros também dispostos a isso.

"Tudo indica que tanto a generosidade quanto a avareza podem estar ligadas ao que chamamos de reciprocidade ou preferências de reciprocidade: um desejo de retribuir o bem com o bem e o mal com o mal", escreve Karine Nyborg.[28] Tratar pessoas como o *Homo economicus* produz mais egoísmo e exploração. Uma sociedade baseada na confiança e na cooperação, em que as pessoas confiem umas nas outras e cooperem entre si, irá, por outro lado, levar a mais confiança e interação. É importante enfatizar que não está provado de forma alguma que o ser humano seja *o oposto* do *Homo economicus*. Essa também não é a nossa opinião. Embora muitas pesquisas neguem que somos totalmente racionais e egoístas, não somos necessariamente irracionais e autodestrutivos. Também não é o caso de sermos absolutamente infensos a incentivos.

Citando um exemplo banal: se você está num supermercado e precisa escolher entre duas cervejas de marcas diferentes, mas de resto absolutamente semelhantes, pode muito bem ser que você aja como o *Homo economicus* por um tempo e escolha a mais barata. Ao mesmo tempo, também pode escolher a cerveja de uma cervejaria conhecida por tratar bem seus funcionários, cuja fábrica esteja em sua cidade ou apenas porque tem um rótulo estiloso, mesmo que seja um pouco mais cara.

A popularidade do *Homo economicus* como modelo também pode ser explicada pelo fato de se adequar muito bem ao mercado. Há muita coisa positiva a ser dita sobre os mercados, mas o fato é que é necessário camadas e mais camadas de cultura para que funcionem de maneira ideal. Não é natural que nos comportemos como entidades mercadológicas; na verdade, é preciso haver socialização dos ganhos, leis que devem ser usadas com certo rigor e instituições capazes de fazê-lo. Agora, devemos ser cautelosos ao supor que exista algo como uma interação financeira "natural", pois pode parecer que a economia à qual costumamos ter acesso é a economia da oferta.

Imaginemos dois amigos entrando em um café. A primeira coisa que fazem é discutir animadamente sobre de quem é a vez de pagar pelo café. "Você pagou a última — agora é a minha vez!" O amigo número um "ganha" e vai ao balcão pedir duas xícaras de café. Enquanto espera o barista terminar de servir, um garçom o aborda e lhe pergunta se não gostaria de provar uma trufa de chocolate que acaba de sair. Se desejar, ele e o amigo podem prová-la, de graça, junto com o café.

A economia da oferta é subestimada. Há estimativas de que representa uma porção bem maior de nossa interação econômica do que supomos. Um de nossos maiores inspiradores, o escritor dinamarquês Tor Nørretranders, escreve em *Det generøse mennesket* [*O ser humano generoso*], referindo-se, entre outros, ao economista neerlandês Wilfred Dolfsma, sobre como a economia de mercado está inserida na economia da oferta. O exemplo dos amigos no café ilustra isso. O café é estritamente um mercado, um lugar onde se troca dinheiro por mercadorias, mas para os amigos é a oportunidade de dar algo ao outro, ou seja, um presente que determina quem desembolsará o dinheiro afinal. As considerações e negociações econômicas da economia da oferta precedem a decisão de gastar dinheiro na economia de mercado. Os amigos fortalecem o vínculo entre si fazendo algo no mercado.

O barista que oferece chocolate provavelmente o faz na esperança de que os clientes retornem para gastar mais dinheiro. No entanto, o faz oferecendo-lhes algo que é, *stricto sensu*, uma oferta. Pode ser que os amigos voltem ao mesmo café para provar novamente as fantásticas trufas, mas também pode ser que, intimamente, sintam que devem voltar ali depois de terem sido presenteados com algo. Podemos compreender isso como um estratagema da economia da oferta, uma maneira de atrair amigos à pequena fração que aquele barista ocupa na economia de mercado.

Ofertas são um problema para o mercado. Elas constroem relações. Idealmente, o único relacionamento entre as pessoas no mercado deveria ser a troca de dinheiro por mercadorias. É isso que torna o mercado eficiente e justo. Se houver ofertas e reciprocidade demais, haverá corrupção. A questão é que reciprocidade e relacionamentos deixam as pessoas que frequentam o mercado felizes. E mais: elas se sentem felizes ao transparecer como generosas, propensas a compartilhar, acostumadas à fartura e dispostas a doar. São, parafraseando Nørretranders, *Homo reciprocans* e *Homo generosus* muito mais que *Homo economicus*. Devemos mantê-las sob controle rígido, com leis e contratos para tudo, desde aquisições até empregos.

Nosso ponto não é que as suposições por trás do *Homo economicus* estejam sempre completamente erradas. A questão é que se trata de uma imagem abertamente simples e cínica do ser humano, que superestima nossa racionalidade e egoísmo e subestima nossa capacidade e necessidade de estabelecer laços estreitos com outras pessoas.

O ser humano egoísta - o exemplo de Ayn Rand

A percepção tamanha do ser humano como *Homo economicus* na política e na economia se deve também ao fato de que alguém trabalhou para que fosse assim. Há pensadores políticos que acreditam que o egoísmo é e *deve continuar sendo* a força motriz mais importante da humanidade.

Em 2018, por exemplo, revelou-se uma fraude maciça contra o Tesouro de vários países europeus ocorrida no período de 2012 a 2015. O prejuízo para Alemanha, França, Itália, Bélgica e Dinamarca seria de cerca de 104 bilhões de reais, de acordo com a Rádio Dinamarca.[29] Os autores foram um punhado de economistas, advogados e banqueiros — que, surpreendentemente, acreditaram estar agindo moralmente certo.

Segundo o documentário dinamarquês "Os homens que pilharam a Europa", vários deles eram discípulos da escritora e filósofa russo-estadunidense Ayn Rand. Para eles, todo imposto é roubo, e o Estado de bem-estar social não passa de um conluio de medíocres para oprimir os gênios da humanidade. Sendo assim, é moralmente justificável fazer qualquer coisa que possa reverter essa realidade. Rand e suas ideias são provavelmente ignoradas pela maioria das pessoas, mas sua concepção de humanidade exerceu e ainda exerce uma forte influência sobre os principais políticos da direita mundial.

Por isso optamos por discorrer sobre Ayn Rand como ícone dessa corrente de pensamento. Não só porque Rand é desavergonhadamente — ou assustadoramente — franca ao justificar o mais puro egoísmo como ideal de conduta humana, mas também por causa do enorme prestígio que tem entre os donos do poder. Existe um certo culto em torno dela e de seus escritos, e a ideologia que representa influenciou o mundo mais do que a maioria das pessoas supõe. Tanto as ideias extremadas quanto o impacto que tiveram tornam relevante examiná-la mais de perto.

Para alguns, Ayn Rand pode não passar de uma desconhecida, mas a maneira como influenciou líderes políticos da direita no mundo inteiro não deixa dúvidas de sua importância. Robert Reich, o secretário de Estado do democrata Bill Clinton, aponta Rand como "madrinha intelectual" do conservadorismo norte-americano moderno. O ex-presidente Donald Trump afirmou que Rand é sua escritora favorita e se identifica com Howard Roark, o herói de *A nascente* (1943), um dos livros mais populares da escritora. O primeiro secretário de Estado de Trump e ex-diretor da Exxon, Rex Tillerson, citou *A revolta de Atlas* (1957) como seu livro favorito — outro best-seller de Rand. Seu sucessor, Mike Pompeo, a mencionou como uma grande fonte de inspiração. O líder republicano da Câmara dos Deputados, Paul Ryan, exige que todos os seus funcionários leiam Ayn Rand.[30] O senador Ted Cruz usou partes de seu discurso contra a reforma da saúde de Obama para recomendar precisamente a leitura de *A revolta de Atlas* — "Se você ainda não leu, vá já comprar um exemplar", disse.[31]

Entre as pessoas mais periféricas que Rand influenciou está o fundador da Igreja de Satanás, Anton Szanzador La Vey, mas é possível que os seguidores evangélicos de Rand entre os republicanos norte-americanos façam vista grossa em relação a isso.[32]

Quem foi Ayn Rand?

A personalidade de Rand e as ideias que defende vêm fascinando os políticos de direita em todo o mundo. Ayn Rand (originalmente Alisa Zinovyevna Rosenbaum) nasceu na Rússia, em 1905, e fugiu da União Soviética para os Estados Unidos. Seu pai era dono de uma fábrica de medicamentos encampada pelo Estado após a revolução. Ela estudou Filosofia e História em São Petersburgo e, em 1926, cruzou o Atlântico e se estabeleceu em Hollywood.

Nos Estados Unidos, Rand trabalhou na indústria cinematográfica, tanto como roteirista quanto como atriz em secundários. Nessa época, delatou sistematicamente colegas artistas durante a caça às bruxas da era McCarthy, denunciando "elementos radicais na indústria cinematográfica" — na esteira de um movimento que, entre outras coisas, levou Charlie Chaplin a se exilar por anos na Europa como resultado do amor ideologicamente duvidoso que demonstrava aos pobres e aos trabalhadores em seus filmes. Com o passar do tempo, Rand foi ganhando visibilidade como escritora e suas obras passaram a vender milhões de exemplares em todo o mundo. Seus livros mais conhecidos são *A nascente* (1943) e *A revolta de Atlas* (1957). Numa entrevista com Rand, o célebre jornalista Mike Wallace perguntou se ela realmente não gostava que o altruísmo — agir de forma a beneficiar outras pessoas e a sociedade como um todo — norteasse a vida das pessoas. Ela respondeu corrigindo a pergunta: "Não gostar é uma expressão muito fraca. Eu simplesmente abomino".[33] "Por que fazer os outros felizes?", ela se pergunta mais adiante, e emenda: "Você pode fazer os outros felizes se e quando significarem algo para você egoisticamente falando".[34] Ayn Rand reuniu seus pensamentos no "objetivismo",[35] doutrina que idealmente pressupõe o indivíduo egoísta e racional como centro do mundo e condena todas as formas de coletivismo e altruísmo possíveis. Levando essas ideias ao paroxismo, Rand costumava externar opiniões extremistas.[36] Sobre o Medicare, o seguro de saúde gratuito dos Estados Unidos para aposentados, chegou a afirmar:

> *Não há diferença moral entre este sistema e aquele que rouba um banco e mata os guardas para comprar uma mansão, um iate e champanha. (...) Além do fato de que as vítimas prejudicadas para financiar o Medicare são inúmeras.*

Para os povos indígenas da América do Norte, o recado foi a seguinte:

> *Os índios não tinham direito a este chão. Não havia razão para lhes dar tais direitos sobre uma terra que não usavam para nada. (...) Todo branco que trouxe consigo um elemento de civilização tinha o direito de dominar este continente.*

E sobre as crianças com retardo mental, declarou:

> *Os fundos públicos não devem ser usados para crianças retardadas e deficientes. É uma tentativa de rebaixar todos ao nível dos deficientes. Isso inclui crianças com retardo mental e subnormais, com dificuldades de aprendizado. Mesmo depois de gastar milhões e milhões do dinheiro dos contribuintes, resta um indivíduo idiotizado que talvez possa aprender a ler e escrever. Talvez!*

A sociedade não existe

Ayn Rand também expressou sua compreensão do mundo no romance *A revolta de Atlas*: "Não existe essa coisa de 'população', visto que se trata apenas de uma quantidade de indivíduos".[37] A famosa frase de Margaret Thatcher para a revista britânica *Woman's Own* é um corolário disso. A ex-primeira-ministra britânica foi taxativa: "Não existe essa coisa de 'sociedade'. Existem homens e mulheres, e existem famílias".[38]

Nos Estados Unidos, os livros de Ayn Rand são lidos como manifestos políticos, aos quais prestam juramento as forças da extrema direita. Um deles é referido pela Biblioteca do Congresso dos Estados Unidos como "o livro mais influente nos Estados Unidos depois da Bíblia".[39] Isso se deve ao fato de que todos os professores de inglês nos Estados Unidos recebem aulas gratuitas sobre livros de Rand.[40]

As ideias de Rand também alcançaram e influenciaram a política e a sociedade do Norte europeu. Na Noruega, *A revolta de Atlas* foi, sem dúvida, um dos livros que mudou o país, uma vez que foi bastante estudado por líderes de direita e, portanto, acabou influenciando as pessoas, consciente ou inconscientemente.[41] Prova disso é a declaração do então líder da Juventude do Partido do Progresso e mais tarde secretário do partido, Ove Vanebo, em entrevista ao site Liberaleren. Siv Jensen, ex-líder e ex-ministra das Finanças da Noruega, cita-o como sua leitura favorita, assim como sua sucessora à frente do partido, Sylvi Listhaug.[42]

Carl I. Hagen, um dos fundadores da agremiação de extrema direita norueguesa, se expressa assim:

A revolta de Atlas e A nascente são leituras recorrentes, embora o discurso de John Galt seja um pouco longo. Com-

*preendo muito bem os pontos de vista da autora, que não podem ser totalmente implementados porque as pessoas não são como folhas em branco nas quais podemos escrever a ideologia numa nova sociedade.*⁴³

Ulf Erik Knudsen, parlamentar do Partido do Progresso, afirma o seguinte sobre o mesmo livro:

Este livro se tornou uma bíblia para muitos do nosso partido. É um ataque virulento ao socialismo e ao comunismo, envolto numa história de amor. Ouvi dizer que seria o romance favorito de Vladimir Putin e Margaret Thatcher. Quando li, pensei: "É isso que sempre quis dizer, mas não fui capaz de me expressar dessa forma".⁴⁴

É quase impossível encontrar uma liderança do Partido do Progresso que não tenha tecido loas a Ayn Rand. Em 2012, bastaram cinco minutos para Siv Jensen citar Ayn Rand na palestra que faz na *Litteraturhuset* [Casa da Literatura] de Oslo, na série "*Under en høyere himmel*" ["Sob um céu mais alto"], em que os diversos partidos apresentavam suas plataformas antes da eleição parlamentar.⁴⁵ Rand foi a primeira pessoa que Jensen citou como inspiração — antes de Thatcher, Reagan, Anders Lange e Carl I. Hagen. Hagen, por sua vez, recebeu um prêmio da Sociedade de Estudos Ayn Rand pelo conjunto de seu trabalho.⁴⁶ O ex-ministro do Comércio e Indústria e ideólogo de direita Torbjørn Røe Isaksen disse que devorou a obra de Ayn Rand quando tinha dezesseis anos e acredita que outros deveriam fazer o mesmo, antes de avançar para os demais pensadores de direita. "Deveria ser assim. Começando com Ayn Rand. Recomendo a todos que a leiam, se deixem fascinar e inspirar por ela."⁴⁷ Perguntado sobre o livro mais importante que já tinha lido, o proeminente parlamentar do Partido do Progresso Christian Tybring-Gjedde não hesitou ao responder: "Devo dizer, como todos do meu partido, *A revolta de Atlas*, de Ayn Rand".

Dag Ekelberg, diretor da NHO [Confederação Empresarial da Noruega] e ex-vice-diretor do centro de estudos direitista Civita, descreve-o da seguinte forma:

Assim como muitos passam pelo fase de ler Jens Bjørneboe[b] na adolescência, não são poucos — especialmente na Juventude Conservadora e na Juventude do Partido do Progresso — que têm um relacionamento igualmente intenso com os livros de Ayn Rand. Para muitos, Ayn Rand atua como uma espécie de portal de acesso ao universo dos pensadores liberais.[48]

Talvez por isso, tantos liberais e militantes direitistas e conservadores se transformam em missionários tão zelosos por suas ideias. Na virada do milênio, por exemplo, a corretora Norse Securities adquiriu 2 mil exemplares do livro para presentear seus parceiros comerciais — e tratou de enviá-los também aos deputados do *Stortinget* [Parlamento norueguês].

Na Dinamarca, a influência política de Rand está intimamente ligada ao projeto do partido Aliança Liberal. O financista Lars Seier Christensen, do Saxo Bank, um dos maiores apoiadores do partido, assegura-se de que todos os novos filiados recebam um exemplar do livro. Há alguns anos, Christensen e outros inauguraram a sucursal europeia do Instituto Ayn Rand, que trabalha para divulgar os pensamentos da escritora. Ele é também um apoiador de longa data do centro de estudos políticos Cepos. O admirador de Rand mais proeminente na vida política dinamarquesa talvez seja Ole Birk Olesen, ex-ministro da Habitação, que discorre com entusiasmo

---

[b] N.T.: Escritor humanista norueguês (1920-1976).

sobre a importância que os escritos de Rand tiveram para ele.[49] Isso também fica claro em seu livro *Taberfabrikken* [*Fábrica de erros*], em que o nome de Rand não chega a ser citado, mas suas ideias de como o Estado de bem-estar social corrompe e destrói a liberdade individual, no entanto, deixam marcas indeléveis. Quem também menciona Ayn Rand é o ex-primeiro-ministro dinamarquês Anders Fogh Rasmussen, em seu livro *Fra socialstat til minimalstat* [*Do Estado de bem-estar ao Estado mínimo*], no qual anuncia a derrocada do modelo nórdico. Embora ressalte a figura arquiliberal de outro norte-americano, Robert Nozick, é impossível não reconhecer as ideias de Rand. Ele escreve:

O Estado de bem-estar social provê uma falsa seguridade, em que nós, como cães, podemos deitar e nos aquecer diante da lareira. Se o Estado de bem-estar continuar acolhendo as pessoas dessa forma, terminaremos como "o último povo" perdendo os valores da sobrevivência e, portanto, desistindo de lutar por qualquer coisa. Fomos reduzidos a animais domesticados e obedientes. Devemos restabelecer a dignidade do ser humano, dando-lhe mais liberdade e responsabilidade pessoal. As fronteiras do Estado de bem-estar devem ser retraídas em favor das que limitam o livre mercado.[50]

O objetivo de desmantelar o Estado de bem-estar social tinha o propósito de, nada menos, libertar os dinamarqueses do que ele classificou de "natureza escrava". Ele prossegue:

Essa patética natureza escrava permeia toda a sociedade dinamarquesa. E a explicação é muito simples. O poder do Estado, o setor público, tornou-se largo demais e domina a vida privada de todas as pessoas, a tal ponto que a maioria da sociedade dinamarquesa tem suas economias particulares depositadas nos cofres do Estado. A vida dos dinamar-

queses foi estatizada. *Criou-se uma relação senhor-escravo, em que boa parcela dos membros da sociedade recebe o pão da graça das mãos do Estado. A natureza escrava deixou traços profundos na maneira de pensar dos dinamarqueses.*[51]

O ex-primeiro-ministro sueco Fredrik Reinfeldt foi outro dos que se preocuparam bastante com o Estado de bem-estar social. Em 1993, a exemplo de seu colega Fogh Rasmussen, ele publicou um livro marcadamente ideológico. Como representante eleito no *Riksdag* [Parlamento sueco], abordou o que chamou de "povo adormecido", comparando o Estado de bem-estar social a uma doença que transforma os suecos em meros receptores passivos. De acordo com o ex-primeiro-ministro, as consequências foram "comparáveis a epidemias de peste, varíola e piolhos".[52] O modelo sueco tornara a população "deficiente mental"[53] e dependente dos políticos. A única saída dessa condição passiva e dormente, segundo ele, seria uma reformulação radical do Estado de bem-estar social. Diminuição do setor público, desmonte da legislação trabalhista, privatizações e enormes cortes de impostos estavam na lista de medidas desse ferrenho defensor da abolição do modelo social sueco. Reinfeldt não chegou a ponto de defender que as pessoas morressem de fome, "porém, exceto neste caso específico, nenhuma reivindicação deveria ser financiada pelos cofres públicos".[54]

Podemos identificar o pensamento de Reinfeldt e Fogh Rasmussen no discurso de Ayn Rand de que o Ocidente está "à beira do desastre, até que toda essa concepção de Estado de bem-estar social seja revertida e rejeitada".

É exatamente por causa de ideias assim que o mundo está caminhando para o desastre. Porque agora estamos em marcha para um coletivismo completo, ou socialismo, onde todos são escravos uns dos outros.[55]

A ideia de que o Estado de bem-estar social torna os cidadãos "escravos", como enunciaram Ayn Rand e Fogh Rasmussen, também é encontrada naquele que é talvez o mais influente pensador da direita atualmente, o economista austríaco Friedrich Hayek. Sua obra mais famosa é chamada sem rodeios de *O caminho da servidão* (1944). Foi Hayek quem congregou os nomes que formariam o extremamente influente centro de estudos direitista Sociedade Mont Pèlerin e os chamados economistas de Chicago em torno de Milton Friedman.

Contos de fadas para homens de negócios

Rand recorreu à literatura fantástica para embalar suas ideias. Seus livros já foram caracterizados como um jogo de RPG para jornalistas econômicos — com menos astronautas, orcs e hobbits do que o que é comum haver em livros assim, mas com engenheiros em papéis ainda mais heroicos. Ela usa os personagens dos livros para promover a ideologia de um megacapitalismo permissivo em que o moralmente correto é agir com base no interesse próprio. Como ela mesma costumava dizer: O egoísmo é uma virtude![56]

No livro que causou tanta repercussão, exaltam-se os predicados de indivíduos geniais que são tolhidos pelo fardo do coletivismo. *A revolta de Atlas* conta a história de um futuro em que esses gênios abandonam seu trabalho e desaparecem,[57] deixando apenas uma mensagem misteriosa: "Quem é John Galt?". Em eventos do Tea Party estadunidense, é comum haver cartazes com essa pergunta. Os detratores compararam o enredo do livro à aventura infantil *Lotta fra Bråkmakergata* [*Lotta da rua do Barulho*], da sueca Astrid Lindgren, em que Lotta some de casa para que sua mãe sinta saudades dela.[58]

Nos romances de Rand é fácil perceber quem são os bandidos e quem são os mocinhos. Todos os vilões — os parasitas — são gordinhos, têm o rosto emplastrado de suor, cabelos cortados à escovinha, papadas no queixo e músculos flácidos. Seus heróis virtuosos, ao contrário, têm o rosto cinzelado, cabelos platinados e olhos azuis cor de gelo. Para não complicar o entendimento do leitor, todos os personagens são consistentemente descritos de forma contrastante. Ou são bons e determinados capitalistas, que sempre têm razão, ou seu oposto: preguiçosos imprestáveis que só fazem coisas erradas. Dessa forma fica mais fácil compreender a moral da história que a autora procura transmitir.[59]

Num trecho do livro, a invulgarmente bela Dagny Taggart, diretora de uma grande empresa ferroviária, conhece uma pessoa que conta de uma fábrica gerida pelas pessoas que lá trabalham. Os salários são repartidos igualmente, a gestão é feita em assembleias e o respeito mútuo entre os operários é um princípio fundamental. Isso gera uma enorme revolta em Dagny, que fica paralisada, tremendo de ódio. O livro diz:

Dagny escutou vozes frias e desinteressadas vindas de algum lugar lá dentro. Lembre-se, lembre-se bem, não é sempre que se pode ver a essência do mal, olhe para ele, lembre-se e um dia você encontrará palavras para descrevê-lo.[60]

Diante de qualquer expressão de mobilização social, Rand denunciava um passo na direção do comunismo da qual tinha escapado. A maneira como o Estado se apossou da fábrica do pai a transformou numa defensora ardente da propriedade privada. A existência de versões mais amistosas e bem-sucedidas de mobilização pública — a social-democracia escandinava, por exemplo — lhe era inteiramente desconhecida. Ainda em 1959, ela dizia que o Ocidente estava, em suas palavras:

(...) a caminho de uma catástrofe, até que todas essas iniciativas de bem-estar social sejam revertidas e descartadas. É exatamente por causa de ideias assim que o mundo está caminhando para o desastre. Porque agora estamos em marcha para um coletivismo completo, ou socialismo, onde todos são escravos uns dos outros.[61]

Evidentemente, Rand era refratária a toda e qualquer forma de sindicalismo.

Os heróis têm, como seria lícito supor, pouco a ganhar diante de qualquer tentativa de lhes regular a iniciativa e podar o ânimo. Quando Dagny Taggart — a visionária rainha das ferrovias — esbarra em algum sinal vermelho em seu caminho, simplesmente ordena que o maquinista siga em frente. Os trilhos são obra de um operário genial, construídos e assentados por outros heróis geniais, naturalmente. Não importa que o metal não tenha sido testado. Ela suborna e ameaça políticos e autoridades, e sua ferrovia avança sobre áreas densamente povoadas. Pois ela está certa de que tudo sairá bem no final — e assim será.

Um dos elementos fundamentais na trama de *A revolta de Atlas* gira em torno da luta contra uma lei de "igualdade de oportunidades", em que grandes oligopólios são obrigados a se fragmentar em várias empresas, a exemplo do que ocorreu com petrolíferas e telefônicas nos Estados Unidos de então. Esse golpe baixo contra os monopólios é planejado e executado pelos vilões do livro por meio de trapaças como eleições, plebiscitos e democracia. A lei é aprovada pela maioria no Congresso, sem que Rand sugira que tenha havido algo de extraordinário para tanto. Mas, como forçará os bilionários a fracionar suas empresas, motivação não é outra a não ser a inveja que os socialistas têm da livre iniciativa.

Um dos heróis de Rand, o ancestral de Dagny Taggart, Nathaniel Taggart, certa vez impediu que um projeto de lei fosse levado a cabo tirando a vida de um político, e atirou outro do terceiro andar porque lhe foi oferecido um empréstimo. No universo do livro, esses atos são considerados nobres e heroicos. Ao ter regulamentada sua produção, o barão do petróleo Ellis Wyatt — outro herói — reagiu explodindo seus campos petrolíferos pelos ares, exatamente como Saddam Hussein fez na primeira Guerra do Golfo. Na vida real, o resultado foi uma espessa camada de fumaça preta e tóxica que sufocou boa parte do Oriente Médio, envenenando o ar, a terra e a água por meses a fio. Mas, para Ayn Rand, nenhum recurso é excessivo quando se trata de atacar uma sociedade que cometeu o grande pecado de interferir no direito dos ricos de ganhar seu dinheiro como bem entenderem.

Muitos veem nas passagens eróticas de *A revolta de Atlas* uma explicação para sua popularidade. Rand também é citada como uma das fontes de inspiração da série sadomasoquista de sucesso mundial *Cinquenta tons de cinza*. O primeiro amante da heroína Dagny — o mineiro Francisco d'Anconia — a trata como se fosse propriedade sua. Arrasta-a pelo braço e não mede palavras para reclamar quando ela diz algo de que não gosta. Na primeira vez que fazem sexo, ele não pede seu consentimento, simplesmente a atira no chão e faz o que deseja: "Ela sabia que o medo era inútil, que ele poderia fazer o que quisesse, que a decisão era dele". Mais tarde, Dagny tem um caso com Hank Rearden (que é casado com outra, mas isso não é motivo para deter os super-homens de Rand). Quando acordam juntos na manhã seguinte, ele deixa muito claro que, a seus olhos, ela não passa de uma prostituta. Assim que engatam um relacionamento, exige saber com quantos homens ela já dormiu e quem foram eles. Como ela não responde, tenta arrancar essa informação à força. Acredite ou não, isso não parece manchar a reputação dos heróis de Rand. Ao contrário: nesse mundo ideal, o ciúme violento é romântico e o abuso, sexy. Ela acreditava que as mulheres eram inferiores aos homens — na verdade, chegou a afirmar que "não há nada mais feminino do que parecer acorrentada". Uma relação em que a mulher é dominante é "metafisicamente inadequada".[62]

O estorvo das leis e regulamentos

Outra mensagem do livro é que não há limites para a exploração dos recursos naturais. Sempre haverá novas terras para conquistar, árvores para cortar, carvão para extrair e assim por diante. Regulamentações ambientais, assim como restrições de segurança, são apenas outra maneira de burocratas públicos atravancar o progresso de capitalistas empreendedores. Percebe-se aqui o pano de fundo para a relutância de vários discípulos de Rand em aceitar dados científicos sobre as mudanças climáticas causadas pelos humanos. Uma nova tecnologia — descoberta por um dos engenheiros-heróis — permite a extração de "quantidades ilimitadas" de petróleo, a despeito de ser este um recurso natural não renovável. A poluição tampouco é um problema — pelo contrário, ela descreve como Nova York está envolta num "fogo sagrado" de chaminés e fundições da indústria pesada.

Numa passagem particularmente simbólica, Dagny e Hank estão dirigindo pelas colinas e florestas de Wisconsin. A estrada em que dirigem é a única coisa feita pela mão humana que podem ver:

O mar de arbustos, urzes e árvores passava lentamente, com copas pontilhadas de amarelo e laranja e, de vez em quando, ondas de folhas avermelhadas na encosta da montanha, além de lagoas de um verde resplandecente sob um céu azul-claro. "O que eu gostaria de ver aqui agora", diz Rearden, "é um reclame publicitário."[63]

Essa, sim, é a ideia de natureza de Ayn Rand.

Na visão distópica de futuro apresentada no livro, os Estados Unidos sucumbiram às crescentes regulamentações e ao controle do Estado, o que solapou a motivação do lucro.

À medida que líderes empresariais e outras pessoas de vulto vão desaparecendo uma atrás da outra, a sociedade fica à beira do colapso. Na última parte, surge o misterioso líder John Galt discursando sobre a necessidade de uma sociedade baseada nas realizações individuais e no interesse próprio. O discurso é longo, ultrapassou setenta páginas na primeira edição e levaria horas e horas para ser proferido. O livro termina de forma previsível o suficiente, a tempo de todos se arrependerem. Ninguém jamais deveria ter impedido o trabalho dos empreiteiros sexy. Na sociedade utópica do futuro concebida por John Galt, até mesmo a palavra "dar" é proibida.

O culto "Coletivo"

Ao redor de Ayn Rand reuniu-se um círculo de pessoas que mais lembrava um culto — autodenominado, ironicamente, "Coletivo". Muitos dos seus frequentadores tornaram-se, em seguida, bastante poderosos, como é o caso de Allan Greenspan, longevo ex-presidente do Banco Central dos Estados Unidos. A convicção de Greenspan de que o mercado não deveria jamais ser regulado foi um fator decisivo para o colapso das instituições financeiras estadunidenses, que desencadeou a crise financeira global cujas repercussões são sentidas até hoje. No Coletivo, Rand também administrava os horários de maridos e jovens amantes.

Vários dos mais influentes centros de estudos de direita, como o Ayn Rand Institute e o Cato Institute, foram fundados pelos pioneiros desse círculo, que privaram da convivência com Rand. Não surpreendentemente, o Partido do Progresso norueguês mantém uma convivência estreita com esse meio — são os "ajudantes da Siv", como o jornal *Aftenposten* os denominou.[64] As ideias de Rand são ainda bastante presentes na colaboração que o centro de estudos norueguês de direita Civita mantém com entidades como a Sociedade Mont Pèlerin, considerada a matriz de todos os pensadores da direita. A base política — tal como figura no site da Sociedade Mont Pèlerin — é, entre outras coisas, lutar contra "os perigos inerentes à administração pública, o Estado de bem-estar e a influência dos sindicatos".[65] Em 2016, o presidente do Instituto Ayn Rand, Yaron Brook, discursou aos presentes na conferência da associação sobre "A base moral das sociedades livres".[66] Brook segue a melhor tradição de Ayn Rand,[67] conhecida por acreditar que "a liberdade econômica só pode florescer numa América [do Norte] que celebre o egoísmo como uma virtude".[68] O Civita está ligado à Sociedade Mont Pèlerin por meio de seu afiliado Lars Peder Nordbakken, também membro do conselho diretor e parlamentar pelo *Venstrepartiet*, Partido da Esquerda norueguês.[69] No livro *Troen på markedet* [Fé no mercado], Håvard Friis Nilsen enfatiza que Ayn Rand é, em muitos aspectos, a ideóloga mais importante do neoliberalismo. Embora outros teóricos pregressos, como Adam Smith, Friedrich Hayek e Ludwig von Mises, sejam citados como referências, trata-se de nomes provavelmente desconhecidos além dos limites da academia. Ayn Rand, por outro lado, é tradicionalmente mais popular em meio ao grande público. Seus livros contêm todos os elementos que estão no cerne do neoliberalismo, a oposição entre o indivíduo e o Estado (ou ainda entre o indivíduo e a comunidade), e a crença no empresário e nos negócios como fundamento, premissa e medida de todas as relações sociais. Os capitalistas são retratados como super-heróis nietzschianos — não é de admirar que os egos inflados sejam uma característica bastante popular nesse meio. A escrita de Ayn Rand expressa um liberalismo de elite adaptado a um público de massa, ao melhor estilo Steven Spielberg ou Walt Disney. Apropriadamente, uma citação de um de seus romances está gravada em pedra na Disneyworld: "Ao longo dos séculos, houve homens que deram os primeiros passos em novas estradas armados com nada além de sua própria visão".[70]

Se gastamos tanto espaço com Ayn Rand neste livro não o fazemos por duvidar do potencial humano para realizar coisas maravilhosas, mas porque a visão que Rand tem sobre a nossa espécie é muito estreita. Uma vez que sua influência é tamanha, julgamos importante mostrar que os sentimentos que Rand tanto despreza nos humanos não vão de encontro às nossas disposições biológicas nem são algo que deveríamos tentar inibir. Em contraste com o potencial biológico do *Homo economicus*, que existe em sua forma mais pura em Rand, enxergamos o potencial do *Homo solidaricus*, uma criatura que não é apenas social, mas tem afeto e consciência coletiva.

O *Homo solidaricus* e a natureza

No capítulo sobre o *Homo economicus*, encontramos vários exemplos de que nós, humanos do mundo real, não nos encaixamos nos limites estreitos do egoísmo de curto prazo. Agora, retrocederemos um passo e nos voltaremos para a própria natureza. Como é possível a cooperação, comportamento social observado em humanos e outros animais, se adequar àquilo que já sabemos sobre como as espécies evoluem — a chamada biologia evolutiva? Comecemos com algumas premissas sobre a evolução da vida, nada menos.

Duas formas de seleção natural

A evolução se resume, pelo menos quando falamos de organismos de reprodução sexuada, a duas coisas: uma seleção em que o mais adaptado sobrevive, por meio da qual os organismos escolhem parceiros com quem se reproduzir. Resumindo: para transmitir seus genes, você deve sobreviver e encontrar alguém para repassá-los adiante.

Imaginemos uma criatura hipotética que habita o fundo de lagos lamacentos. Vamos chamá-la de *sorte*. As sortes servem de presa a peixes predadores de maior porte. Existe uma certa variação na cor da pele das sortes. Algumas são claras, outras escuras. As mais escuras levam vantagem, pois podem se camuflar no fundo do lago e escapar dos predadores. Com o tempo, haverá, portanto, relativamente mais sortes escuras, porque um maior número delas sobrevive e se reproduz.

Vale notar que a seleção não tem um objetivo em si, que não acontece, necessariamente, no melhor interesse do indivíduo ou da espécie. Em alguns casos assim será, mas não é garantido que essa seleção produza organismos mais aptos a sobreviver. Por exemplo, suponhamos que as sortes escuras, além da cor da pele, tenham maior incidência de um gene cancerígeno. Nesse caso, a população de sortes escuras acabará por consistir em indivíduos que são reconhecidamente bons em se esconder, mas cuja probabilidade de sucumbir a uma morte cruel devido à divisão celular descontrolada é maior que a das sortes mais claras.

É esse o argumento de Richard Dawkins em seu famoso livro *O gene egoísta*.[71] Aqui, não estamos falando de *genes do egoísmo*, mas de genes que não têm outro propósito senão se reproduzir: são egoístas *figurativamente* falando.

É certo que o gene do câncer nas sortes não é pernicioso em si nem tem uma intenção maligna. Acontece que ele está presente nas células de inúmeras sortes escuras, assim como é inteiramente aleatório o fato de que estas sejam as sortes que melhor se escondem de predadores. É isso que permite a esses genes fazer a única coisa que realmente fazem, ou seja, reproduzir-se — sem a menor consideração pelo organismo em questão, ou qualquer outro "pensamento" ou "propósito". Pode parecer uma digressão, mas é de fato muito importante compreender bem o que a evolução implica. Ela é, em essência, apenas um "procedimento rígido e sem alma", para recorrer à definição da psicóloga Susan Blackmore. Enquanto houver *variação, reprodução* e *seleção*, haverá *evolução*. A espécie vai evoluir, ainda que sem nenhum propósito ou significado. Por exemplo, não faz muito sentido, ao menos do ponto de vista da evolução, dizer que as espécies que existem hoje são "melhores" do que os grandes répteis que vagavam pela Terra nos períodos Triássico, Jurássico e Cretáceo. A evolução e os genes, que são seu componente mais importante, *simplesmente não dão a mínima*.

É importante, por vários motivos, ter sempre em conta a ausência de propósitos e os mecanismos rígidos e desprovidos de qualquer juízo de valor. Do ponto de vista do biólogo, é importante porque deixa claro que a natureza não precisa de um projetista. Organismos avançados podem surgir e evoluir sem qualquer envolvimento divino. Para este livro, é importante porque torna um pouco menos assustador especular sobre a grande questão de que tipo de organismos a seleção natural cria. Sabemos hoje que não há má-fé ou um plano sinistro oculto na luta cotidiana dos genes pela sobrevivência. Ela simplesmente acontece, dadas condições necessárias. Simplesmente é assim.

Podemos então extrapolar a pergunta: pode a competição entre genes egoístas produzir organismos com o intuito de cooperar? Há razões mesmo para acreditar que o resultado de bilhões de anos de genes competindo entre si será o *Homo solidaricus*?

Adaptação e pressão externa

Como vimos no exemplo da população de sortes, o ambiente está intimamente associado à maneira como se dá a evolução. Os biólogos diriam que o que acontece com a população de sortes é uma *adaptação a um nicho ecológico*. Curiosamente, existem vários exemplos de organismos de origens diferentes adaptados a nichos semelhantes, de tal forma que se tornaram muito parecidos. Ictiossauros e golfinhos, lobos e coiotes, abutres e pinguins — organismos que se adaptam a nichos ecológicos assemelhados acabam por assumir uma aparência similar, um fenômeno denominado *evolução convergente*.[72, 73]

Examinando-se outras características além da aparência, é possível encontrar um exemplo interessante de evolução convergente nas colônias de insetos sociais, como formigas e vespas, e animais como ratos-toupeiras-pelados. Apesar de não serem nada aparentados, ao contrário, a intrincada cooperação em suas respectivas colônias é organizada por meio de feromônios secretados pela autoridade indiscutível da colônia: a rainha.[74]

Adicionalmente, a competição entre os indivíduos de uma população será um fator determinante. Afinal, a vida das sortes se resume a relaxar preguiçosamente aproveitando as benesses que encontram nas profundezas do lago. Tomemos, por exemplo, um bando de chimpanzés. Para eles, aquilo que os biologistas chamam de *pressão evolucionária* envolve muitos mais fatores do que a simples capacidade de se camuflar na natureza. Estamos falando de que forma aspectos como encontrar comida e afirmar sua hegemonia na luta por status diante de outros chimpanzés afetarão a maneira como os genes individuais serão transmitidos.

Estratégias estáveis

John Maynard Smith foi um engenheiro inglês que mais tarde se converteu num dos biólogos mais influentes do século passado. Ele introduziu o conceito de "estratégias evolutivamente estáveis".[75] Com isso, referia-se a qual estratégia seria mais útil numa hipotética luta de todos contra todos. Vamos imaginar novamente uma população de animais. Tomemos emprestado um exemplo do escritor dinamarquês Tor Nørretranders:

Tomemos uma população de pássaros da mesma espécie em que uns são "falcões" e outros, "pombos". Todos vivem do mesmo alimento comida e, às vezes, é preciso que lutem entre si para obtê-lo.

Os falcões são muito agressivos e se digladiam violentamente uns com os outros, muitas vezes resultando em morte dos contendores. Os pombos são pacíficos e cautelosos. Quando um falcão encontra um pombo, este sai de cena rapidamente e escapa de ferimentos mais graves. O falcão vence, mas o pombo salva a própria pele. Quando um pombo encontra outro pombo, eles se estranham de início, mas logo cada um vai para seu lado.

Qual das situações é a mais estável? Uma população apenas de falcões? Uma população apenas de pombos? Nenhuma das duas.

Se houver apenas falcões, eles lutarão até a morte. Simplesmente assim. Ninguém vencerá no longo prazo, pois todas as forças de que dispõem são direcionadas a lutar. Se um único pombo ingressar numa população como essa, rapidamente se sairá bem porque é "sábio" o bastante para não lutar. O pombo só precisa esperar que os outros se matem para que ele e sua prole predominem.

Por outro lado, se houver apenas pombos, eles até podem viver em paz e tolerância, mas numa situação muito vulnerável. Se um falcão aparecer acidentalmente, será moleza competir com a população de pombos. Da mesma forma, um pombo que repentinamente evolua para se tornar um falcão terá uma vida fácil pela frente. Numa população pura, cada ave obtém uma vantagem ao mudar de estratégia. É por isso que a situação é instável: não importa o que os outros façam, um único jogador, um único pássaro, pode vencer apenas alterando sua estratégia.

Uma mistura de falcões e pombos, por outro lado, torna-se estável caso esteja proporcionalmente dividida. Surge uma espécie de equilíbrio que significa que nenhum dos pássaros terá alguma vantagem caso mude de estratégia unilateralmente. Qual mistura será a mais estável depende, é claro, do que se ganha e do que se perde no enfrentamento.[76]

Um exemplo interessante, que é um pouco mais complicado do que o experimento mental de Nørretranders, é encontrado na espécie de lagarto *Uta stansburiana* e alguns de seus parentes. Como a maioria dos vertebrados, esse lagarto tem dois sexos para fins reprodutivos. No entanto, existem até cinco *expressões de gênero*, que correspondem a diferentes estratégias reprodutivas. Os machos ultradominantes, com desenhos em laranja, tentam arregimentar e proteger o máximo de fêmeas possível em seu território; os machos dominantes com padrões azulados se concentram em proteger uma só fêmea, enquanto os machos com desenhos em amarelo são "invasores" que não protegem suas parceiras e, em vez disso, copulam com fêmeas que eventualmente escapem ao controle dos machos dominantes. Isso eles conseguem mimetizando aparência e comportamento das fêmeas. Os machos com desenhos amarelos podem, em certas circunstâncias, mudar sua expressão de gênero e assumir uma cor azul. Dependendo da quantidade de fêmeas disponíveis para acasalar, as diferentes expressões de gênero apresentam riscos variados diante da fúria de outros machos.

As fêmeas, por outro lado, têm duas expressões de gênero: as alaranjadas põem muitos ovos pequenos, e as amareladas põem poucos ovos, porém maiores. Quando a ameaça dos predadores é maior ou o suprimento de comida diminui, estas últimas se saem melhor. A distribuição da expressão de gênero na população de *Uta stansburiana* varia ao longo do tempo, como uma versão reptiliana do jogo "Jokenpô" (também conhecido como "Pedra, Papel e Tesoura") que se deixa influenciar pelo ambiente em volta.[77]

Voltamos ao ponto sobre a ausência de propósito, intenção e controle. O que Smith mostra é que num jogo entre forças diferentes, que se trata, em princípio, de estratégias inconscientes e até mesmo egoístas, ainda pode valer a pena cooperar. Entre os *Uta stansburiana*, nem sempre o vilão maior e/ou mais cruel é aquele que vence. Em espécies cujo comportamento social e mais complexo estabelece as bases da seleção natural, chega-se a resultados não menos interessantes.

Nas palavras de Nørretranders:

Dá certo. É possível alcançar uma condição estável por meio da cooperação. E permanecer nela. Isso pode acontecer na completa ausência de racionalidade e inteligência humanas. A evolução pode criar cooperação, mesmo entre indivíduos egoístas. Chegar lá nem sempre é fácil, mas é possível.[78]

De vez em quando nos pegamos mencionando a "ordem da natureza". Estratégias evolutivamente estáveis podem criar ordem na natureza. Até aqui tudo bem. Agora, sabemos também que a seleção natural pode criar colaboração. A maioria dos leitores que chegaram até aqui, entretanto, provavelmente já começou a desconfiar que falta algo nesta história. Quem quer que tente transmitir seus genes adiante sabe que é uma tarefa bem mais complicada do que apenas encontrar um(a) parceiro(a) para procriar. As sortes disponíveis no fundo do lago podem parecer muito tentadoras para outras que tenham se perdido no caminho do sofrimento e da humilhação; elas podem representar o(a) parceiro(a) ideal. É hora de dar uma olhada no segundo princípio por trás da evolução: a seleção sexual.

Sem querer presumir muito sobre você que ora lê este texto, arriscamos dizer que já tentou impressionar alguém na esperança de levar essa pessoa para a cama ou, num prazo mais longo, apresentá-la a seus pais como "namorado(a)" ou "noivo(a)". A motivação por trás disso não importa tanto aqui, mas temos certeza de que você tentou sobressair como alguém bem mais impressionante e promissor do que de fato é. Você pode ter se gabado de algumas conquistas, gastado um dinheiro que deveria ter economizado ou até mesmo acompanhado seu(sua) pretendente em peças de teatro ou exposições de arte às quais, de outra forma, só compareceria sob a mira de uma arma.

Se você teve sucesso, também sabe que apostou alto e correu riscos consideráveis. No instante em que convida a pessoa amada para passar o Natal em casa e sua mãe revela que você não era exatamente o craque do time de futebol na escola, você se vê numa situação embaraçosa.

Este é o princípio básico da seleção sexual: quem não ousa nada não ganha nada. Sem apostar alto, sem pretender impressionar, sem arriscar ser humilhado e perder tudo, as chances de se multiplicar serão nulas. Não estamos falando só de um gene que lhe permita se camuflar diante de algo que põe sua própria existência em risco. É preciso cair na graça alheia, e isso pode ser tão arriscado quanto tentar se esconder de um predador. É preciso, portanto, algo mais.

O casal de biólogos israelense Amotz e Avishag Zahavi estudou esse fenômeno detalhadamente.[79] O objeto principal das pesquisas dos Zahavi foi a toutinegra-árabe, um pássaro que vive em bandos de hierarquia muito definida. Os bandos dependem da vigilância de guardiões para se alimentar, mas a flexibilidade que existe nessa hierarquia é peculiar. Tanto as fêmeas quanto os machos dominantes se orgulham de exercer o papel de guardiões durante a maior parte do tempo, em vez de se refestelar numa refeição. Eles chegam até a abordar pássaros menos dominantes que estejam eventualmente fazendo a guarda, alimentá-los à força e então assumir eles próprios a função, como se quisessem deixar bastante claro o quanto são altruístas e dispostos a fazer sacrifícios. São esses machos e fêmeas dominantes que têm permissão para se acasalar e botar ovos nos ninhos coletivos que pertencem aos bandos de toutinegras-árabes.[80]

O casal Zahavi mostrou que, na seleção sexual, vencem aqueles que conseguem provar que são capazes de fazer algo extraordinário. O altruísmo das toutinegras-árabes dominantes é uma característica dispendiosa. Montar guarda é uma atividade perigosa, implica abrir mão de um alimento que pode não estar disponível da próxima vez e indica um excedente nutricional da parte de quem o faz. "Comam vocês. Eu estou bem."

Parafraseando Tor Nørretranders, a seleção sexual opera obedecendo ao seguinte princípio: "Pule a cerca onde for mais alta". A cauda do pavão macho é um exemplo emblemático: não tem outra função senão atrair fêmeas de pavão. É um estorvo, sobrecarrega o organismo — é, em suma, uma desvantagem sob qualquer outro aspecto, exceto no jogo de perpetuação dos próprios genes. Ou seja, a seleção sexual criou coisas magníficas e inúteis — algo que, no caso da outra forma de seleção, jamais ocorreria. Os genes que favorecem a cooperação e a compaixão são disseminados da mesma forma, uma vez que os indivíduos que possuem esses atributos são mais atraentes como parceiros e, portanto, acabam escolhidos com mais frequência.

O casal Zahavi chamou a isto "princípio da deficiência", identificando um mecanismo evolutivo capaz de produzir características extraordinárias, atraentes e altruístas. O outro tipo de seleção pode produzir cooperação e reciprocidade, mas o princípio da deficiência também favorece algo mais. Uma vez que tivemos ancestrais que por milênios tentaram impressionar, sobressair e fazer algo extraordinário para encontrar um parceiro, trazemos em nosso íntimo um desejo de continuar agindo assim. Não apenas continuamos a nos enganar, apostar e assumir riscos para conseguir parceiros, mas também nos tornamos indivíduos criativos e engenhosos. Portanto, este é o mesmo mecanismo evolutivo por trás de feitos e conquistas maravilhosos como o Black Metal, a paz mundial, a antropologia social e os sistemas de seguridade social.

Um ponto importante aqui é que essas características dispendiosas devem ser críveis. As toutinegras-árabes dominantes não ficam apenas posando de altruístas, mas arriscam de fato a própria vida. A seleção sexual nos muniu com o desejo de parecer fantásticos, mas também com um robusto detector de engabelações. Reza a lenda que o astro do rock e magnata da caridade Bono, vocalista do U2, subiu ao palco numa apresentação na Escócia e começou a bater palmas ritmicamente. Em seguida, anunciou com a voz trêmula: "Cada vez que bato palmas, uma criança morre na África". Alguém no fundo da plateia então gritou: "Então pare de bater palmas, seu babaca!".

A anedota pode ser ou não verdadeira, mas ilustra bem o ponto de que características evolutivamente onerosas devem ter um custo real para serem críveis. Desconfiamos muito das pessoas que ostentam sua generosidade e bondade. Bono pode até ficar feliz doando alguns de seus bilhões para crianças carentes, mas não venha querer que o reconheçamos como um macho alfa superaltruísta por isso.

Os dois tipos de seleção, interagindo e competindo, nos criaram. Ambos nos tornaram o que somos hoje. Nosso objetivo discorrendo sobre isso foi estabelecer uma premissa importante: a evolução pode produzir criaturas capazes de compartilhar, colaborar e criar arte abstrata. (E, não menos importante, criaturas capazes de compreender e apreciar a arte abstrata.) A "ordem da natureza" não é, necessariamente, uma luta sanguinária de todos contra todos. Processos inconscientes, atitudes sem juízo moral, desprovidas de qualquer racionalidade superior, podem resultar em cooperação e equilíbrio, e a seleção sexual pode garantir que o sublime e o altruísta tenham seu lugar. Logo, há muita coisa em jogo determinando se uma sociedade se tornará apta a facilitar a cooperação, mas o *potencial* evolutivo para tanto existe. E, olhando ao redor, encontramos muitos exemplos disso.

A sobrevivência do mais amistoso[81]

O professor Brian Hare trabalhou arduamente para descobrir como a inteligência se desenvolveu em diferentes espécies. Ele refuta a tendência que muitas pessoas têm de classificar os animais numa escala que cresce até atingir o patamar superior onde estaria o ser humano. Do mesmo modo que é bastante difícil determinar quem seria o "mais inteligente" entre Mahatma Gandhi, Albert Einstein e Steve Jobs, Hare se dedica a investigar como a inteligência está relacionada à capacidade de resolver os desafios que diferentes animais enfrentam. Assim sendo, perguntar quem é o mais inteligente entre um chimpanzé e um golfinho é tão inútil quanto perguntar se um martelo é melhor que uma chave de fenda, acredita Hare. Um chimpanzé se daria muito mal mergulhando e capturando peixes no mar, enquanto os golfinhos teriam alguma dificuldade para escalar árvores. Do ponto de vista evolutivo, a inteligência se ocupa, acima de tudo, daquilo que é necessário para resolver os problemas do ambiente em que nos encontramos.

Hare fez inúmeras pesquisas com cães e a capacidade que demonstram de interagir com humanos e também entre si. Quando criança, ele costumava brincar com seu cachorro jogando uma bolinha numa direção, e, enquanto o cão corria atrás dela, arremessava outra bolinha noutra direção sem que o animal percebesse. Quando o cachorro voltava trazendo a primeira bolinha, ele apontava para a segunda. O cão imediatamente se desviava e quase sempre encontrava a segunda bolinha.

Este relato aparentemente banal para qualquer um que tenha um cachorro esconde, na verdade, uma conquista cognitiva extraordinária e única, que requer algumas habilidades muito específicas. A brincadeira exige que o cão compreenda três coisas: que existe uma bola que não pode ver, que o humano sabe onde está essa bola e é capaz de transmitir essa ideia de uma forma que o cão a compreenda. Essa habilidade de interagir não é, intrinsecamente, nem canina nem humana. No ser humano, é algo que se desenvolve por volta do primeiro ano de vida. Nossos parentes evolutivos mais próximos têm um certo domínio sobre ela, mas, para todos os efeitos práticos, é algo que nos diferencia dos primatas e um pré-requisito, segundo Hare, para que possamos aprender idiomas e interagir de forma complexa naquilo que denominamos "cultura humana". Então, o que diabos faz com que essa habilidade seja encontrada em cães — e não em chimpanzés?

A evolução canina

Hare e outros pesquisadores desse campo observaram como os cães de hoje evoluíram de seus ancestrais selvagens entre os lobos. Uma fotografia desse processo é encontrada hoje na Sibéria, onde há um grupo de raposas domesticadas. Elas resultam de um experimento iniciado por pesquisadores russos há mais de cinquenta anos, pelo qual indivíduos mais dóceis aos humanos puderam acasalar e ter crias, enquanto animais mais desconfiados e agressivos não tiveram permissão para espalhar seus genes. Depois de algumas gerações, as raposas cada vez mais dóceis não só desenvolveram um aspecto mais canino, com caudas enroladas sobre o dorso, focinhos mais arredondados e orelhas menos hirtas e alertas, mas, para a surpresa dos pesquisadores, descobriu-se que elas podiam interpretar gestos e interagir com humanos exatamente como cães de estimação. Apesar de os pesquisadores não terem tentado criar raposas mais inteligentes, recorrer à docilidade como critério gerou uma população de animais cada vez mais socialmente inteligentes.[81]

Nossos parentes bonachões

Não é apenas quando as pessoas controlam intencionalmente a evolução que obtemos um ambiente que permite "a sobrevivência do mais amistoso". Na natureza, observamos que a seleção natural gerou a mesma combinação de bondade e inteligência social em nossos parentes mais próximos. Hare descreve como nós, humanos, tendemos a compartilhar o que temos, mas não com qualquer um. A maioria das pessoas prefere compartilhar com parentes ou amigos em vez de estranhos. Experimentos com bonobos[82] mostram que, quando têm acesso a frutas, eles não apenas ficam propensos a partilhá-las, mas também preferem fazê-lo com bonobos que nunca viram antes. Uma indicação do porquê de agirem assim está no sistema social em que esses primatas vivem. Entre os bonobos, não são os indivíduos maiores e mais fortes que dominam. Os machos podem ser até 50% maiores do que as fêmeas, mas são elas que dão as cartas. Caso um macho seja violento com uma fêmea, não apenas terá de enfrentar todas as fêmeas do bando reunidas para defender a vítima, mas também ficará sem copular com elas. Foi dessa forma que, durante milênios, a natureza tratou de eliminar genes que geram tendências agressivas nos machos. A seleção natural garantiu primatas muito pacíficos, que não precisam temer a violência ao encontrarem um indivíduo da mesma espécie. O estranho é apenas um amigo que não conhecem, como diz o ditado.

Isso também pode lançar alguma luz sobre nosso próprio desenvolvimento. Há 50 mil anos não havia apenas primatas, mas vários outros tipos de humanoides coabitando com o *Homo sapiens*. Conhecemos, entre outros, o *Homo neanderthalensis*, o *Homo floresiensis* e o *Homo denisova* — e nada havia para indicar que nossa espécie em particular prevaleceria enquanto todas as outras se extinguiriam. Na verdade, hoje carregamos em nós genes de neandertais e denisovanos, então, de certa forma, eles seguem vivos em nós. Por que sobrevivemos, e não eles, é um dos grandes enigmas que antropólogos e outros pesquisadores estão tentando decifrar.[83] Não tínhamos o maior cérebro, nem éramos maiores e mais fortes do que eles. Numa área em particular, contudo, os *sapiens* se destacaram das outras espécies humanas, e foi isso que chamou a atenção de Hare e seus colegas. Ao estudar descobertas arqueológicos de crânios, eles descobriram que nossos rostos adquiriam uma aparência cada vez mais "amistosa", com mandíbulas, nariz e sobrancelhas menos protuberantes. Os traços femininos e infantis ficaram mais ressaltados. São as mesmas mudanças físicas que ocorrem em cães e raposas selecionados para se tornarem dóceis e amigáveis.[84] Isso fez com que muitos apontassem essa característica como motivo determinante do êxito evolucionário do *Homo sapiens*. Nicholas A. Christakis escreve no livro *Blueprint — As origens evolutivas de uma boa sociedade* que o ser humano é simplesmente "autodomesticado", pois nossos ancestrais escolheram como parceiros os indivíduos mais sociais e amistosos precisamente por terem essas qualidades.[85] Somos mais amigáveis e podemos trabalhar juntos e, por isso mesmo, tivemos mais sucesso que outras espécies humanas.

A maioria é feita por "nós"

Deixemos de lado o ser humano por um tempo e examinemos como são as coisas na natureza. Por muito tempo, a visão da natureza foi dominada pelo jargão do filósofo Thomas Hobbes: *bellum omnum contra omnes*, ou "a luta de todos contra todos". Hoje, a novas descobertas apontam para uma outra compreensão. "Desde o nível celular às grandes e complexas sociedades em que os humanos e muitos outros animais habitam, a maior parte da natureza é, de alguma forma, um 'nós'"[86], escreve o biólogo norueguês Dag O. Hessen, um dos vários especialistas que, nas últimas décadas, vêm combatendo uma ideia amplamente aceita, a saber: que a competição e o conflito são fundamentais por natureza, e que a cooperação, a compaixão e o altruísmo são virtudes que precisam ser construídas a partir do zero. Simplesmente, não é assim. Veremos alguns exemplos, começando na selva.

Colaboração por toda parte

A Costa do Marfim é o lar de um grande número de presas tentadoras, incluindo muitos tipos de macacos. Um leopardo rasteja furtivamente pela densa vegetação. O leopardo é um excelente escalador e, se estiver perto o bastante, nem mesmo a densa copa das árvores será um esconderijo seguro. Lentamente, ele se aproxima de uma árvore onde um numeroso bando de macacos-de-diana descansa. De repente, um grito alto ecoa perto do enorme felino. Um dos macacos o avistou e deu um uivo estridente. Imediatamente, os outros membros do bando passam a gritar em uníssono e a selva é tomada por um som ensurdecedor. Macacos de diferentes espécies sabem identificar os gritos de advertência uns dos outros. As folhas farfalham enquanto eles vão saltando de galho em galho, não para escapar do predador, mas descendo para os galhos mais baixos, onde podem ficar de olho nele. O leopardo é um mestre em emboscadas e as chances de ter êxito são maiores quando consegue, de surpresa, sair das sombras e cravar os dentes em sua presa. Agora, é quase impossível capturar os macacos alertas, e o leopardo se vai em busca de outras possibilidades.

Este é um exemplo de colaboração — na verdade, entre espécies diferentes. Subitamente, o mais óbvio a fazer é gritar assim que a ameaça é avistada, e assim todo o bando deixa de se transformar em refeição. No entanto, desde os tempos de Darwin esse tipo de comportamento tem causado dores de cabeça aos biólogos. O primeiro macaco que grita torna-se mais vulnerável à investida do predador. Ele entrega sua localização e corre o risco de ser o primeiro a ser morto. *Ergo*, deveria ficar quieto torcendo que fosse a vez de algum outro companheiro naquele dia. Macacos que fazem alarido e, portanto, correm maior risco de serem devorados têm, naturalmente, menos descendentes. Assim, essa característica não é transmitida para a próxima geração. Mesmo assim, encontramos cooperação e interação em toda a natureza.[87]

A evolução auxiliada pela seleção natural, como escreveu Charles Darwin, está grande parte relacionada ao sucesso em deixar descendentes.[88] Darwin reconheceu que o sucesso nessa área também pode ser obtido pelo fato de um indivíduo ser dependente de outros. Mas quando exatamente dependemos de outros e é vantajoso cooperar? E quando é melhor para o indivíduo ficar sozinho? É uma pergunta que não é tão fácil de responder e tem ocupado o tempo de uma sucessão de mentes brilhantes.

Os parasitas que vivem internos e externos ao hospedeiro, por exemplo, devem encontrar o equilíbrio necessário entre obter o maior número possível de descendentes e não matar o organismo que os abriga. É um equilíbrio muito instável. Se consumirem muitos recursos do hospedeiro, os parasitas podem rapidamente produzir novas gerações. Ao mesmo tempo, sobrecarregarão o hospedeiro, cuja morte precoce deixará os parasitas com menos oportunidades de se reproduzir. Portanto, faz sentido que os parasitas não prejudiquem demais seu hospedeiro — e, se puderem de alguma forma ajudá-lo, tanto melhor. Não se serra o galho em que se está sentado, assim como não se mata a galinha dos ovos de ouro, como disse o biólogo evolucionário britânico John Maynard Smith, mencionado anteriormente.

Essa estratégia tem um pré-requisito importante, diz Maynard Smith. Ela pressupõe que alguns parasitas não obedecem a uma estratégia mais agressiva, aproveitando a contenção dos demais. Se alguém romper esse padrão e se reproduzir de maneira incontrolável, haverá mais descendentes e uma melhor disseminação dos genes agressivos. Se o hospedeiro perecer como resultado dessa exploração, a contenção terá sido uma má estratégia.

Se todos forem mais comedidos, valerá a pena ser aquele que escapa ao padrão. Encontramos esse dilema — também chamado de "tragédia dos comuns" — em muitas áreas. Raciocinando individualmente, valerá mais a pena deixar uma grande quantidade de vacas no pasto, ou ainda lançar várias redes numa determinada área do oceano. O indivíduo contará apenas com o aumento do retorno que ele mesmo pode alcançar consumindo em excesso recursos que são coletivos, e não com o retorno inferior que todos os outros terão.[89]

Líquens, corais e muitas variedades de plantas que hospedam bactérias ou fungos dentro de si são de grande utilidade — às vezes, o organismo é totalmente dependente deles para conseguir absorver nutrientes. Diferentes microrganismos que habitam as entranhas de um hospedeiro podem, por sua vez, ser completamente dependentes uns dos outros. As formigas que vivem dentro de árvores as defendem de outros animais. Todos os tipos de animais, de abelhas a leões, cooperam com parentes que compartilham muitos dos mesmos genes. Nossa civilização humana é completamente dependente do fato de que também somos capazes de cooperar com pessoas com as quais não temos relação parental direta e sequer as conhecemos.

Colaborando com parentes

Poucas pessoas provavelmente já ouviram falar do biólogo norueguês Jostein Goksøyr. Há cinquenta anos, ele foi um dos pioneiros a propor a teoria de que célula moderna — base de todas as formas superiores de vida — consiste em partes que originalmente eram bactérias isoladas. A natureza está cheia desses exemplos de cooperação, afirmou Goksøyr num artigo publicado na revista *Nature* ainda em junho de 1967.[90] Nossas células, como as de fungos, plantas e outros animais, contêm mitocôndrias produtoras de energia. As mitocôndrias são parentes distantes de bactérias que de início viviam em simbiose com as células; elas têm sua própria versão de material genético e suas próprias membranas celulares que as separam do resto da célula. Depois de uma fase em que coabitavam e se beneficiavam mutuamente, mas ainda eram entidades potencialmente diferentes, essas protobactérias se fundiram com as células primordiais e se integraram a elas.

As mitocôndrias não podem mais sobreviver fora das células como organismos independentes, mas ainda podemos estudar e comparar seu código genético para além da divisão entre espécies. Hoje é tido como certo que todos os animais, plantas e fungos evoluíram a partir dessa fusão ancestral de duas espécies microscópicas. Depois que passaram a existir de fato, as primeiras células evoluíram de blocos de construção a criaturas cada vez mais complexas. Milhões, bilhões e trilhões de células numa intrincada interação constituem organismos que não podem existir sem a cooperação entre as partes, em que as partes individuais não podem sobreviver fora do organismo. Pode-se enxergar o próprio corpo humano da mesma maneira: quase todas as nossas células contêm, em princípio, as informações necessárias para criar um novo ser humano. Dito de outra forma: as células da pele do rosto dependem das células dos órgãos genitais para espalhar os genes que permitem que continuem a ser o pôster de propaganda do ato sexual.

O paralelo corporal do *Homo economicus* é o câncer: quando seu material genético é danificado, a célula perde o controle de se dividir e passa a espalhar seus próprios genes por meio de um crescimento desmedido. O câncer se torna um parasita do indivíduo no qual se originou. Podemos ser levados a crer que a estratégia dos genes egoístas de matar seu hospedeiro como faz o câncer é estúpida, mas seria um equívoco — uma forma contagiosa de câncer em cães afeta os órgãos genitais e se espalha por meio da cópula. Estudos mostraram que a linhagem de células cancerosas tem pelo menos 6 mil anos e é um exemplo perfeito de como a evolução não tem um propósito em si: o material genético do que antes era um mamífero inteiro vive hoje como um parasita unicelular.[91]

Quando as várias células que constituem um indivíduo cooperam preservando os mecanismos de controle pró-sociais — no que podemos considerar a matriz de todas as Leis de Jante[c] —, os biólogos hoje acreditam que se trata, basicamente, de células que compartilham os mesmos genes. Portanto, faz sentido ajudar outras células para que seus genes em comum tenham maior chance de se espalhar. Considere o insight de Darwin, de que a seleção natural é a maneira que a natureza encontrou para gerar descendentes e espalhar seus genes. Os mesmos mecanismos têm sido importantes para desenvolver a cooperação numa escala maior, entre indivíduos. O biólogo evolucionário William Hamilton afirmou que um gene que promova a cooperação como uma característica em indivíduos pode se espalhar para as gerações subsequentes caso a cooperação ajude aqueles que carregam esse gene a so-

---

[c] N.T.: As "Leis de Jante" são a pedra de toque do igualitarismo escandinavo, em que a coletividade se sobrepõe ao indivíduo. Ficaram celebrizadas no romance [Um fugitivo cruza seu caminho] (1933), do dano-norueguês Axel Sandemoen, como estatuto da aldeia fictícia de Jante, uma referência à terra natal do autor.

breviver e produzir descendentes. Parentes próximos compartilham muitos dos mesmos genes, incluindo aqueles que favorecem à cooperação.[92] Biólogos, portanto, costumam dizer em tom de blague que temos uma propensão a nos sacrificar para salvar "dois irmãos ou oito primos", isto é, a quantidade de parentes que, em média, possuem os mesmos genes que nós.

Na natureza, vemos que muitas espécies seguem essa abordagem. Voltemos aos insetos sociais: a abelha operária é uma fêmea que não consegue se reproduzir, mas ainda assim desafia a morte defendendo sua colmeia contra todas as ameaças para que a abelha-rainha continue a botar seus ovos em paz. Esses ovos se tornam os novos irmãos e irmãs da abelha operária, compartilhando vários genes comuns — incluindo aquele que faz com que sacrifiquem suas vidas pela colmeia. Como se sabe, uma abelha que pica perde a parte inferior do abdômen junto com o ferrão e morre instantaneamente.

Outras espécies, como cupins e formigas, também são extremamente organizadas socialmente. Diferentes espécies de formigas são encontradas em todo o mundo, exceto na Antártica e em algumas ilhas completamente isoladas, e constituem quase um quinto de toda a biomassa do reino animal.[93] Por meio de uma divisão de trabalho extremamente especializada, as formigas se adaptaram aos mais diversos climas e ambientes. Algumas obtêm alimento, enquanto outras cuidam de ovos e larvas e algumas protegem o formigueiro contra intrusos e perigos. São capazes de construir obras inacreditáveis, domesticar outros insetos e cultivar fungos.

A soma dos indivíduos num formigueiro é uma sociedade complexa, em que a formiga individual é uma parte do todo. Estamos falando, em sua maioria, de fêmeas estéreis que não põem ovos, mas compartilham a maioria dos genes. É o alimento com o qual as larvas das formigas se alimentam que determina se se tornarão operárias, soldados ou babás. As abelhas e as formigas, junto com os cupins, são exemplos de animais que se agregam nos chamados superorganismos.

Grupos de pássaros e leões

Também encontramos cooperação em animais com organização social menos sofisticada do que as abelhas e formigas. Esquilos, por exemplo, às vezes adotam filhotes órfãos — mas apenas de parentes próximos, de modo que os genes da mãe adotiva estão majoritariamente presentes no filhote adotado.[94] Numa alcateia de leões, todas as fêmeas são mães, filhas, tias ou sobrinhas, e trabalham juntas para defender filhotes, território e presas contra invasores. Esses sistemas, porém, também são vulneráveis a "trapaceiros". Estudos com alcateias de leões mostram que há indivíduos que, a despeito dos mesmos laços de parentesco, participam da defesa do território com menos frequência e dedicação.[95] Não se arriscam em embates violentos com outros leões e, por conseguinte, têm menor probabilidade de serem feridos e chances maiores de criar seus filhotes. Não são, entretanto, indivíduos muito populares entre os leões mais destemidos.

Os pesquisadores também estudaram como bandos de pássaros trabalham juntos. O papa-moscas avisa quando aves de rapina estão se aproximando e, portanto, se arrisca chamando a atenção delas. Mas quando outros papa-moscas ouvem os avisos, todos se agrupam num bando tão numeroso que acabam afugentando as aves de rapina. Quanto mais pássaros reunidos, mais rápida e eficiente é essa estratégia. No entanto, nem todas as aves vão em socorro das outras. Somente os papa-moscas que tenham de fato colaborado podem contar com a reciprocidade dos demais — a menos que tenham um bom pretexto, claro. Apenas os que estiverem cuidando de filhotes são dispensados de cooperar, e perdoados por faltar para com o grupo num momento de extrema necessidade. Isso fortalece os sistemas de cooperação.[96]

Solidariedade entre os vampiros

Outro exemplo em que a organização social é vital é encontrado em alguns tipos de morcegos hematófagos.[97] Esses animais caçam à noite, em enormes bandos, saindo de cavernas onde passam o dia dormindo amontoados. Eles são totalmente dependentes do sucesso na busca por comida, e o único alimento que conseguem ingerir é sangue. Bastam duas noites seguidas sem comida para que morram de inanição. Estudos mostram que os morcegos mais jovens passam muito tempo aprendendo a arte de sugar sangue da maneira mais eficiente e acabam voltando para casa famintos uma vez a cada três noites, em média. Mesmo experientes, os morcegos adultos falham em cerca de 8% de suas expedições noturnas.

No entanto, é raro morrerem de fome, porque os morcegos que encontram sangue compartilham com aqueles que falharam. Eles agem assim com a premissa de que um dia essa generosidade seja retribuída. Pelas estimativas dos pesquisadores, quatro em cada cinco vampiros na colônia morreriam em um ano não fosse esse sistema de compartilhamento. Com um esquema de colaboração funcionando bem, a taxa de mortalidade é reduzida para um em cada quatro.

Aqui também pode haver a incidência de trapaceiros, que não compartilham o sangue que obtêm, mas ficam felizes em desfrutar de uma refeição de graça. No entanto, os morcegos rapidamente aprendem a identificar esses indivíduos, que são excluídos do compartilhamento. O parasitismo não compensa no longo prazo.

Combatendo parasitas e trapaceiros

Se houver muitos trapaceiros ou parasitas, os sistemas de colaboração entrarão em colapso, seja entre uma mesma espécie, seja entre espécies distintas. Portanto, todos esses sistemas que sobrevivem ao longo do tempo desenvolveram formas sofisticadas de punição. As plantas que dependem de bactérias (rizóbios) para obter nutrientes importantes, como o fósforo, fornecem em troca, por seu turno, moléculas orgânicas complexas, das quais as bactérias precisam para absorver o nitrogênio de que tanto dependem.[98] O nitrogênio das bactérias também reforça a capacidade fotossintética das plantas, que assim podem crescer e retribuir com mais matéria orgânica — uma típica situação em que todos ganham. No entanto, algumas bactérias retêm nitrogênio para uso próprio, em vez de contribuir para uma planta mais forte e eficiente. Estas usam vários desses preciosos recursos em seu próprio crescimento e reprodução, e passam de contribuintes e colaboradores a parasitas da planta e dos esforços de outras bactérias. Só que não duram muito: a planta desenvolveu métodos sofisticados de punição, interrompendo o suprimento de oxigênio vital para regiões das raízes onde se concentram as bactérias parasitas. No mar, encontramos uma colaboração entre diferentes espécies de bodiões (e também de baiacus) e peixes hospedeiros maiores. Os bodiões comem parasitas da pele do peixe hospedeiro e restos de comida que deixam escapar quando se alimentam, numa colaboração vantajosa para ambos. No entanto, alguns bodiões comem o muco protetor que o hospedeiro secreta e acabam simplesmente mordiscando pedacinhos do próprio hospedeiro — um comportamento que não é exatamente muito popular. Quando os bodiões deixam de remover os parasitas, esse comportamento deixa de ser uma colaboração e se transforma em pura e simples exploração. Os hospedeiros rapidamente punem essa conduta rapidamente e afugentam os bodiões parasitas. Os peixes maiores são capazes de discernir os trapaceiros, que também são rechaçados por outras espécies.

Depois de algum tempo sendo punidos, os trapaceiros aprendem que o parasitismo não compensa.[99]

Tudo está conectado

Na natureza, encontramos muitos exemplos que ilustram a velha máxima de Gro Harlem Brundtland[d] de que "tudo está conectado a tudo o mais" naquilo que chamamos de ecossistemas. Os ecossistemas podem variar amplamente em tamanho e complexidade — um oceano, uma montanha ou uma caverna podem servir como ecossistemas a espécies ligeiramente diferentes. O termo também pode incluir toda a biosfera, ou seja, a região da Terra onde os organismos vivos podem sobreviver. Mas há também muitos exemplos de animais descobrindo que a cooperação vale a pena — inclusive além das fronteiras entre espécies semelhantes. Em biomas onde ainda há lobos, o impacto da caça desses predadores sobre as demais espécies é considerável. Se os lobos desaparecerem, muitos herbívoros avançarão inverno adentro e perecerão antes de a primavera chegar, debilitados após o frio intenso. Para os animais necrófagos, isso implica um longo tempo de fome seguido de uma abundância de alimentos à medida que o inverno se aproxima do final. Quando os lobos estão presentes, eles matam os animais mais fracos antes que morram de fome, dando assim aos necrófagos mais acesso à comida durante o inverno. Ao contrário de outros predadores, como os ursos, os lobos geralmente abandonam a carcaça da presa quando estão satisfeitos. Os corvos, que aprenderam a aproveitar o que os lobos deixaram para trás, são alguns dos animais que acabam se beneficiando desse hábito. A partir do ponto de vista privilegiado que têm no topo das árvores ou em voo, ao avistarem uma presa em potencial os corvos sinalizam às matilhas e as conduzem à próxima refeição. Isso

---

[d] N.T.: Primeira mulher a ocupar o cargo de primeira-ministra da Noruega, em 1981, notabilizou-se internacionalmente por liderar iniciativas de desenvolvimento sustentável e saúde pública.

lhes garante acesso prioritário às sobras, uma vez que os lobos costumam ser notavelmente tolerantes quando há corvos se alimentando ao redor.[100] Quanto mais estudamos as diferentes formas de vida, mais descobrimos formas sofisticadas de coexistência.

Interdependência

Organismos que atuam como hospedeiros têm truques para fidelizar seus parceiros. Existem árvores que fornecem abrigo e néctar para as formigas em troca de proteção. Nesse néctar existem substâncias que impedem esses insetos de se alimentar do néctar que eventualmente encontrarem em outras árvores ou flores. Assim, as formigas alimentam-se exclusivamente de suas plantas hospedeiras.

Na natureza, muitas vezes descobrimos que os organismos que cooperam se desenvolvem de tal modo que não conseguem existir sem a companhia do outro. A dependência mútua se torna, literalmente, uma questão de vida ou morte. Os pulgões, por exemplo, dependem de um tipo específico de bactéria que lhes fornece aminoácidos, nutrientes fundamentais de que necessitam, mas não conseguem extrair nem mesmo da seiva da planta em que vivem. Essas bactérias estão presentes nos ovos dos pulgões e são transmitidas às próximas gerações. Os filhotes dos pulgões vêm ao mundo já com as bactérias certas, e estas asseguram um novo hospedeiro para se perpetuar. Assim, as bactérias que tornam os pulgões mais capazes de botar mais ovos têm maior chance de espalhar seus genes.

Uma carcaça abandonada é uma dádiva raramente ignorada. Toda a vida do escaravelho necrófago norte-americano gira em torno de outros animais mortos.[101] Até o formato corporal desses insetos é adaptado para que possam rastejar por baixo e penetrar o interior das carcaças. O odor de animais mortos putrefatos atrai rapidamente esses escaravelhos. Surpreendentemente, eles surgem carregando grandes quantidades de ácaros em seu dorso. Os ácaros dificultam o voo desses besouros e requerem uma energia preciosa para serem transportados. Mesmo assim, são de enorme utilidade para os escaravelhos que, por exemplo, depositam seus ovos dentro de carcaças de camundongos que servem de alimento para as larvas quando eclodem. Os escaravelhos não estão sozinhos nisso e enfrentam uma acirrada competição de diversas outras espécies. É aqui que os ácaros entram em cena. Eles descem do dorso do escaravelho, perfuram a carne da carcaça em decomposição e devoram todas as larvas e ovos que não pertencem a esses besouros. A competição é drasticamente reduzida e a chance de as larvas sobreviverem e se tornarem novos escaravelhos aumenta. Em seguida, os ácaros sobem no dorso dos besouros novamente, e a jornada continua para o próximo animal em decomposição. Na América do Norte, os povos indígenas há gerações vêm contando histórias sobre texugos e coiotes que unem forças para caçar. Recentemente, pesquisadores conseguiram documentar isso.[102] Roedores como cães-da-pradaria e esquilos terrestres não conseguem fugir dos ágeis coiotes, mas podem escapar deles mergulhando em seus túneis subterrâneos. Um texugo pode, por sua vez, escavar seu caminho por esses túneis — mas corre o risco de ver a presa fugir em disparada por outra saída, sem a menor chance para o lento texugo. Portanto, uma equipe formada por coiotes e texugos reúne o melhor dos dois mundos. Enquanto um caçador age sob a terra, o outro dá conta da superfície.

    Não é tão inusitado que um animal gregário como o coiote tenha se habituado a cooperar com o astuto texugo para encontrar soluções criativas para se alimentar, mas parcerias assim existem até mesmo entre duas espécies de peixes bem menos sociáveis. O robalo e a moreia são tão diferentes quanto o dia e a noite — literalmente. O robalo caça durante o dia nadando à procura de presas. Se for percebido, a refeição pode escapar facilmente, escondendo-se em um buraco ou fenda onde ele não consegue nadar. De hábitos noturnos, a moreia, por seu lado, se esgueira por entre as frestas dos corais quando caça.

Uma relação muito especial se desenvolveu entre essas duas espécies de peixes no mar Vermelho.[103] Se a presa do robalo se esconder em algum lugar inacessível, ele imediatamente nada até a caverna onde fica a moreia e balança a cabeça ostensivamente, atraindo-a para fora, ainda que naquele horário ela não esteja particularmente ativa. A moreia segue o robalo até o esconderijo onde a presa está escondida, e lá o robalo volta a abanar a cabeça. A furtiva moreia se enfia na fenda e captura o peixe, que ora come sozinha, ora oferece ao robalo.

Só muito recentemente é que esse tipo de comportamento foi observado em diversas espécies de peixes. Os biólogos marinhos acreditam que não se trata de um algo instintivo, mas, sim, aprendido.

O camarão-pistola tem esse nome porque pode recolher as garras tão rápido que dispara um jato de água capaz de atordoar a presa ou afugentar predadores maiores. Mesmo que esse camarão ande armado, porém, ainda existem muitos perigos à espreita em mar aberto, e um caçador faminto pode surgir do nada a qualquer momento. O camarão-pistola tem outro problema: não enxerga muito bem e, portanto, está em constante perigo de ser surpreendido. Para evitar ser flagrado desguarnecido, o crustáceo atirador se vale de um guia, um peixe da família dos gobiídeos. Quando sai de sua pequena toca, o camarão roça a antena na nadadeira caudal do peixe. Caso este perceba algum perigo nas redondezas, faz um sinal ao camarão, que rapidamente volta a se esconder. À noite, os dois se recolhem ao mesmo esconderijo, e, uma vez estabelecida, a parceria jamais é desfeita.[104]

Pererecas e aranhas-caranguejeiras também formam um par improvável. Na selva colombiana, rãs pontilhadas estabeleceram uma relação frutífera e harmônica com essas aranhas,[105] que habitam em tocas e túneis subterrâneos emboscando insetos e pequenos animais com o auxílio de suas presas potentes. As rãzinhas, por sua vez, são poupadas e podem até escalar as aranhas sem serem molestadas. Pode até ocorrer de as aranhas as capturarem por engano e soltá-las logo em seguida. Os pesquisadores acreditam que as aranhas reconhecem as rãs por meio de sinais químicos. A selva é um lugar perigoso para um anfíbio tão pequeno; mesmo assim nenhuma rã arriscaria a vida por uma refeição invadindo a toca de uma temível aranha. As rãs comem pequenos insetos que são atraídos pelos restos de comida que as aranhas desprezam, e os túneis úmidos onde vivem servem de abrigo perfeito. Como pagamento desse "aluguel", as rãs comem as formigas que, de outra maneira, devorariam os ovos que as aranhas põem, num arranjo perfeito tanto para o anfíbio quanto para o aracnídeo.

Genes precisam cooperar para criar bons genomas. Células cooperam para dar forma a um corpo. A maioria das células abre mão de transmitir seus genes, e transfere essa missão aos gametas. É um arranjo que funciona. É a maneira mais proveitosa que existe, melhor do que permitir uma competição desenfreada. Mesmo em patamares mais evoluídos a cooperação impera. Somos indivíduos sociais e funcionamos melhor em grupos.

O ser humano é dotado de empatia e sensibilidade. Nós ajudamos o próximo. O simples fato de possuirmos sentimentos interessantes como boa e má consciência diz muito de nós enquanto espécies, e revela não só que ansiamos por boas ações, mas evoluímos na expectativa de que ocorram. Alteridade, empatia e sensibilidade são instrumentos que a evolução nos legou, não são algo que aprendemos da cultura ou da religião, ainda que nossa natureza possa coabitar com nossa cultura.

O ser humano é corpo e biologia (e cultura)

Quem se aprofundar um pouco nos estudos da psicologia humana fatalmente irá, em algum momento, deparar com o ferroviário estadunidense Phineas Gage. Em 13 de setembro de 1840, Gage, então com 25 anos, estava ocupado fazendo seu trabalho de sempre na ferrovia.[106] Ele e seus companheiros de trabalho estavam para explodir um pedaço de rocha. Perfuraram um buraco na parede da montanha e colocaram o explosivo no lugar. Phineas pegou uma barra de ferro e começou a empurrar o explosivo, que de repente detonou. O atrito do ferro contra a rocha provavelmente produziu faíscas, que por sua vez causaram a explosão. A barra de ferro foi propelida para fora do buraco e atingiu em cheio o rosto do pobre Phineas.

A história terminou surpreendentemente bem. Após o acidente, Phineas Gage ainda conseguia trabalhar, e aparentemente nem sua inteligência, nem sua capacidade de se comunicar nem sua forma física foram afetadas. Até aqui a impressão que se tem é que Phineas entraria para a história como o sujeito mais sortudo do mundo. No entanto, com o passar do tempo ficou claro que havia algo errado.

Phineas era uma espécie de esteio da sociedade. Trabalhador muito respeitado, pai de família amoroso e temente a Deus. Depois do acidente, seu comportamento teve uma reviravolta. Ele ficava irritado mais facilmente e não conseguia mais se adaptar ao trabalho, e passou a afrontar todas as normas e costumes. Por fim, largou a família e acabou vivendo de bicos num circo itinerante.

O cérebro de Phineas foi exaustivamente estudado. A partir desses estudos, sabemos que Phineas sofreu uma lesão no lobo frontal, uma área que contém um terço de todo o córtex cerebral. Ali se concentram, entre outras, as habilidades linguísticas, motoras e cognitivas. A empatia e o controle da impulsividade também estão associados ao lobo frontal.

Vítimas de lesões nessa região cerebral perdem a capacidade de controlar seus impulsos. Se sentirem ganas de comer um chocolate num supermercado, rasgam a embalagem na gôndola e comem o doce ali mesmo. Se sentirem vontade de bolinar alguém, não hesitarão em fazê-lo imediatamente. Hoje sabemos que o cérebro secreta sua própria substância de recompensa, a dopamina, e, na falta de um lobo frontal em pleno funcionamento, não haverá uma quantidade suficiente de dopamina no corpo. Essa parte crucial do cérebro de Phineas foi dilacerada pela barra de ferro.

Passados quase duzentos anos desde que Phineas deu aos neurologistas uma compreensão totalmente nova do que nos torna pessoas socialmente inteligentes e afáveis, nosso conhecimento sobre o assunto cresceu quase exponencialmente. A pesquisa sobre o cérebro avançou muito, particularmente nas últimas décadas. O conhecimento cada vez mais sofisticado que temos do cérebro, suas estruturas e funções, fatalmente modificará a abordagem que temos tanto do indivíduo como da sociedade. Além disso, surgiram as "novas" ciências comportamentais, como a psicologia evolucionista e a economia experimental, que nos oferecem explicações cada vez mais precisas, baseadas em evidências empíricas, para o nosso comportamento. Isso, por sua vez, terá implicações decisivas na política e na economia.

O cérebro é o protagonista

Já mostramos como os humanos evoluíram para funcionar com outros em grupos. Nosso cérebro é a ferramenta mais importante que usamos com esse objetivo. É ele quem nos permite cooperar e receber mensagens sobre o que precisa ser feito. Quando nascemos, o cérebro está pronto por obra da natureza. Os neurônios estão preparados para transmitir as enormes quantidades de impressões sensoriais que encontramos às partes do cérebro mais adequadas para interpretá-las e compilá-las. No livro *O poder do seu cérebro*, a neurologista Kaja Nordengen descreve como a natureza tratou de nos fornecer uma espécie de "mapa mental" ao conectar as partes mais importantes do cérebro. Ao nascermos, cada neurônio tem 2500 conexões, mas quando completamos três anos de idade esse número de sinapses, como são chamadas, salta para 15 mil.[107] Novos pontos de contato são formados a todo instante. Uma vez que a maioria absoluta delas se desenvolve depois que nascemos, o meio em que estamos inseridos tem uma importância enorme. Quem quer que tenha tido a alegria de acompanhar o desenvolvimento de um bebê pode testemunhar que ele não consegue fixar o olhar num ponto exato por causa da maneira como reage ao mundo que o cerca — aquele pequenino ser está ali predisposto a procurar rostos, ouvir vozes e desenvolver a linguagem. Para tanto, grandes quantidades de conexões são estabelecidas no cérebro. Rapidamente, as crianças aprendem o que é certo e errado nas culturas em que crescem, e se socializam obedecendo a normas e tradições. O cérebro humano está inacabado quando chegamos ao mundo, é altamente maleável e se deixa influenciar pelo tipo de normas, de moral e de cultura em que a pessoa está inserida. Em seu livro, Kaja Nordengen escreve:

> *É justamente porque grande parte do cérebro se desenvolve após o nascimento que a natureza mantém o ser*

humano preso a uma rede genética muito mais solta do que os outros animais. A genética e o instinto são parcialmente anulados em favor daquilo que é adquirido por meio da socialização. Ironicamente, é nossa biologia humana comum que nos permite ter diferenças culturais.[108]

Ayn Rand é uma representante extrema dos pensadores políticos que idealizaram o descolamento das emoções humanas.

"Não sou basicamente uma defensora do capitalismo, mas do egoísmo, e não sou exatamente uma defensora do egoísmo, mas da razão", diz ela.[109] O bom senso e as análises frias deveriam, portanto, prevalecer. A "razão pura", entretanto, não existe. É fato que os cientistas aprenderam muito sobre como o cérebro funciona, mas também somos feitos de carne e osso, inundados por hormônios que nos arrastam numa ou noutra direção. O que consideramos moralmente certo ou errado cala fundo dentro de nós sem que sejamos capazes de explicar, racionalmente, por que nos comportamos de uma maneira ou de outra.

O psicólogo Jonathan Haidt é um dos que acreditam que as escolhas morais que fazemos são, em boa parte, intuitivas. Numa série de experimentos, ele contou às pessoas histórias de conduta desviante (por exemplo, uma relação sexual acalorada entre irmãos), o que imediatamente despertou reações negativas nos entrevistados. Em seguida, os questionou minuciosamente por que aquela conduta seria condenável, até desistirem de argumentar por razões lógicas. O risco de defeitos genéticos, por exemplo, seria resolvido com o uso de anticoncepcionais seguros e assim por diante, até se esgotarem todos os argumentos em contrário. No entanto, os entrevistados continuavam firmemente acreditando que esse e outros exemplos semelhantes eram moralmente errados, sem serem capazes de explicar por quê.[110]

É claro que decidimos o que nos parece certo e errado com base, precisamente, nas emoções. É isso o que costumamos chamar de intuição, algo que se encaixa bem nas teorias surgidas nas últimas décadas, segundo as quais nossos juízos de valor mais arraigados não são regidos pela razão nem acompanharam nossa longa história evolutiva. São, sim, o prolongamento de uma longa trajetória que remonta aos nossos ancestrais primatas e a um passado ainda mais longínquo.

Racionalidade limitada

A manchete de um jornal exposto numa banca traz a foto de Erna Solberg,[e] ex-primeira-ministra conservadora da Noruega, com a legenda: "Crise de confiança no governo". Suponhamos agora que você é um eleitor de direita e seu interesse por política é um pouco acima da média. Você entende imediatamente do que se trata: Ontem, um ministro do Partido do Progresso, parte da coalizão governista, deu uma declaração à imprensa que deixou a esquerda em polvorosa. Os líderes do Partido Trabalhista e da Esquerda Socialista retrucaram com palavras duras ameaçando apresentar uma moção de desconfiança, pois não admitiam que um ministro se expressasse daquela forma.

Você sente algo ferver em seu íntimo e acha que é típico da esquerda se ater a uma "frase infeliz e fora do contexto", e ainda mais típico de um tabloide sensacionalista dar a isso tamanho destaque. "Não há crise de confiança no governo coisa nenhuma", pensa você. "É só mais uma provocação da oposição que não têm mais nada para propor." Então você vai, um pouco irritado, tomar um café e fazer um lanche, na esperança de que um pouco de cafeína e um nível mais elevado de açúcar no sangue restaurem seu bom humor. Nesse ínterim, talvez você até reflita um pouco sobre o empobrecimento do debate político no país.

A se dar crédito ao que disse o jornal, mudar a opinião do eleitor de direita requer que o ministro do Partido do Progresso tenha dito um disparate sem tamanho. Alguns mecanismos poderosos são postos em marcha, os mesmos que fazem as pessoas torcerem por um time de futebol ou insistirem que a

---

[e] N.T.: No final de 2021, a coalizão de direita que governava a Noruega desde 2013 deu lugar a um governo de centro-esquerda encabeçado por Jonas Gahr Støre, do Partido Trabalhista.

cerveja A e melhor do que a cerveja B. São as emoções falando. Fatos sobre política, futebol ou cerveja desempenham, na melhor das hipóteses, um papel secundário. Jonathan Haidt (aquele do dilema moral de irmãos que fazem sexo) recorre à "metáfora do elefante e do domador"[111] para explicar a relação entre emoções, intuição e valores, de um lado, e fatos e razão, do outro. A seu ver, as emoções, a intuição e os valores são o elefante, enquanto os fatos e a razão são o domador. O domador pode, naturalmente, controlar o elefante até um determinado ponto, mas sabemos quem é o mais forte.

Por que funcionamos assim? É uma longa e multifacetada história, mas vamos começar observando como nosso cérebro funciona diante de questões complexas. No livro *Rápido e devagar: duas formas de pensa*, o vencedor do Prêmio Nobel Daniel Kahneman explica que nosso cérebro possui dois sistemas. O sistema um é encarregado das respostas rápidas. É ele que é mobilizado quando você percebe se a primeira-ministra na capa do jornal está sorrindo ou irritada. O sistema dois é mais lento. Ele é encarregado de tarefas mais complicadas, como pensamentos mais críticos e complexos. O problema, diz Kahneman, é que o sistema dois costuma estar ocupado e responde bem mais devagar. O eleitor de direita em nosso exemplo permite que o sistema um derrote o sistema dois, e isso é algo que todos nós fazemos com bastante frequência.[112] O que é politicamente relevante aqui é que não agimos de forma tão racional nesse particular. Em primeiro lugar, estamos ao sabor das emoções e, em segundo lugar, nossa capacidade de pensamento sistemático e lógico não é tão robusta quanto gostaríamos que fosse. Definitivamente, temos uma capacidade de agir de maneira mais racional que outros animais, mas para isso foi necessário antes a existência de uma comunidade científica e o estabelecimento de regras rígidas. Em nossas decisões diárias, em geral não somos especialmente frios, precisos ou calculistas.

O cérebro não está sozinho

Assim é que nosso cérebro não é tão afiado e frio como gostamos de acreditar. Além disso, ele não existe sozinho, mas recebe impulsos do resto do corpo. Isso é um fator decisivo se levarmos em conta que nós humanos somos seres sociais. Quando ouvimos relatos de pessoas que vivenciaram uma experiência triste, nossa linguagem corporal se deixa moldar por isso. Arriamos os ombros, franzimos o cenho e retesamos a boca. Da mesma forma, podemos ficar exultantes com a felicidade alheia. O humor e a alegria são transmitidos por terceiros e chegam até nós por meio da linguagem corporal. Isso é tão eficaz que as pessoas que passam muito tempo juntas se tornam mais parecidas.

O psicólogo Robert Zajonc fez uma experiência emocionante, recorrendo a fotos de casais que viviam juntos havia muito tempo.[113] Os participantes observavam dois conjuntos de fotos dos casais alternadamente; as primeiras fotos foram feitas próximas à data do casamento, as outras, após 25 anos de convivência. Uma grande quantidade de fotos era distribuída aos participantes do estudo, que deveriam combinar as pessoas de acordo com o grau de semelhança. Nas fotos feitas após um quarto de século de convivência, a maioria das pessoas conseguia facilmente descobrir quais eram os casais de fato. Nas fotos mais antigas, poucos encontravam as semelhanças. Quando reparamos nas semelhanças de um casal, não se trata da constatação de que queremos encontrar alguém que pareça conosco. Estamos nos referindo ao efeito de anos de empatia e remodelação da linguagem corporal e da expressão facial do outro que aproximam essas características, tanto mais visíveis e marcantes naqueles que se consideravam mais felizes e satisfeitos com o casamento.

"O compartilhamento diário de emoções significa que um parceiro internaliza o outro, e vice-versa, na medida em que todos percebem o quanto pertencem um ao outro", afirma Frans de Waal. Tanto nossa mente quanto nosso corpo foram moldados para existir socialmente, em comunidade, e a grande maioria de nós se deprime quando esse fator está ausente em nossa vida. É por isso que o isolamento demorado está entre as piores formas de tortura. Os laços sociais são tão importantes para nós que a maneira mais segura de aumentar nossa expectativa de vida é estabelecer uma parceria amorosa e sentimental que dure para a vida. O outro lado da moeda é que a perda de um parceiro ou a quebra de outros vínculos sentimentais pode nos devastar completamente. Aqui também encontramos muitos exemplos em outros animais, que demonstram claramente a dor da perda de seus entes próximos: elefantes procurando os esqueletos de membros mortos do rebanho, cães que ficam inconsoláveis quando o dono morre ou a dor facilmente perceptível de mães de chimpanzés carregando no colo seus bebês mortos ao longo de dias a fio.

Felizmente, descobertas recentes sobre a importância da consciência e do contato social puseram fim à educação infantil que consistia em ignorar o estímulo emocional das crianças. Na Romênia de 1989, a queda do regime de Nicolae Ceaușescu despertou a atenção do mundo para as consequências de bebês cuidados em orfanatos mantidos pelo regime num ambiente quase fabril, desprovido de calor humano e atenção. Catatônicas e taciturnas, essas crianças transformaram-se numa prova involuntária da profunda necessidade de companhia que tem o ser humano.

Nossos primeiros ancestrais, dezenas de milhares de anos atrás, não estavam no topo da cadeia alimentar. Ainda hoje encontramos algumas tribos vivendo como todos um dia vivemos, nas savanas da África, onde esse aspecto fica bastante evidente. Eles ainda estão à mercê dos grandes predadores, que no passado tornavam a vida insegura num grau bem maior do que hoje. Um ser humano sozinho não tem chance contra leopardos, hienas ou leões. É no agrupamento e na coletividade que encontramos a oportunidade de sobreviver aos perigos que nos ameaçam. Todos nós conhecemos o forte senso de unidade que emana diante de uma ameaça externa, e a história nos dá muitos exemplos disso. Os norte-americanos continuam falando sobre a incrível unidade que tomou conta do país após os ataques de 11 de setembro de 2001. A multidão levando rosas vermelhas nas mãos após o ataque terrorista em Oslo, em 22 de julho de 2011, é outro exemplo recente.

Esse desejo de se agregar diante de ameaças reside profundamente dentro de nós, em regiões de nosso cérebro que existem em nós há milhões de anos, as quais também compartilhamos com muitos outros seres vivos. Os peixes preferem nadar juntos em cardumes, que reagem imediatamente e como um só indivíduo quando os predadores se aproximam. Os pássaros voam em bandos, para que uma ave de rapina tenha mais dificuldades em se concentrar numa só presa. Essa segurança de estar junto de outros é o ponto de partida que precisamos ter em mente para nossas aspirações comuns.

Antigamente, antes que o conhecimento de nossa afinidade com outras espécies animais se tornasse mais claro, diríamos que nossa organização social era o resultado de escolhas conscientes, como imaginavam filósofos naturais como Jean-Jacques Rousseau. O ser humano, ele acreditava, não era essencialmente um animal gregário, mas vagava sozinho pelo mundo. A sociedade passou a existir à medida que os humanos se tornaram sedentários, construíram cabanas para morar e passaram a cultivar a terra.

Abrimos mão de parte de nossa liberdade em troca da segurança oferecidas pelo Estado e pela sociedade. Nessa acepção, a sociedade não é algo que está dentro de nós, mas o resultado de uma negociação obtida por indivíduos livres. Essas são ideias de um tempo que precedeu o conhecimento que acumulamos hoje — evolutivo, biológico, neurológico e psicológico. A exemplo de outros mamíferos, nosso ciclo de vida tem fases em que precisamos do outro, como na infância, quando adoecemos e na velhice. Da mesma forma, existem outros que precisam de nós e do nosso apoio, em situações semelhantes.

Nós, humanos, somos totalmente dependentes uns dos outros. Enquanto espécie, estamos adaptados a viver juntos em grupos, bem mais do que a maioria dos outros seres vivos. Gostamos de fazer o que os outros fazem. Quando caminhamos juntos na rua, acabamos adotando o mesmo ritmo; quando nos reunimos em shows ou partidas de futebol, cantamos, batemos palmas e torcemos juntos. Não é fácil ser o único a bater palmas depois de um discurso — ou o único que se recusa a aplaudir. É até possível, se assim o quisermos, mas a necessidade de agir quando e como os outros agem está fortemente enraizada em nós. É essa percepção que deve formar a base de qualquer discussão significativa sobre a organização social.

Solidariedade em nossos genes?

Nossos ancestrais começaram a trilhar o caminho para se tornar a espécie dominante no planeta em algum momento entre 5 e 10 milhões de anos atrás. Deixamos de andar de quatro e passamos a nos firmar sobre as duas pernas, o que liberou as mãos para fazer comida, usar ferramentas, armas e carregar e coletar alimentos. Ao mesmo tempo, nossa capacidade cerebral aumentou dramaticamente. Do ponto de vista evolutivo, essas duas mudanças causaram problemas, especialmente porque ocorreram quase ao mesmo tempo. A transição para o bipedismo tornou a pelve mais estreita, tanto em homens quanto em mulheres, a fim de dar mais suporte às duas pernas. Uma vez que nosso crânio foi aumentando de tamanho ao mesmo tempo, parir se tornou mais traumático — o espaço para acomodar cabeças maiores se tornava ainda mais estreito. A evolução resolveu isso tornando os bebês humanos cada vez menos autossuficientes. Na verdade, nascemos prematuramente: partes do desenvolvimento ocorrem fora do útero, ao mesmo tempo que esse desenvolvimento depende totalmente dos cuidados da mãe.

Outros animais estão prontos para fugir dos inimigos ou encontrar seu próprio alimento sozinhos logo após virem ao mundo. Até mesmo mamíferos que dependem do leite materno são capazes de se firmar de pé logo após o nascimento. Os bezerros conseguem correr e os macacos já sabem se agarrar ao pelo da mãe. Uma mãe humana solteira, com responsabilidade por uma prole tão indefesa assim, dificilmente pode sobreviver sozinha. Ela precisa arranjar comida, tanto para si quanto para o filho, e ainda ser capaz de escapar dos perigos. A vida em grupo, em que prevalecem a cooperação e a ajuda mútua, está bem adaptada a essa nova situação. Sarah Blaffer Hrdy, antropóloga e primatóloga, acredita que começar a criar os filhos juntos foi um ponto de inflexão determinante na evolução dos nossos ancestrais para o humano moderno. Em grupos que praticavam uma espécie de "criação comunitária" não eram apenas os pais biológicos os responsáveis por proteger e educar os filhos. Isso contribuiu para que mais jovens crescessem e essas características foram transmitidas às novas gerações. Aqui encontramos os fundamentos da nossa necessidade inata de cuidar dos outros. Há uma pressão evolutiva muito forte favorecendo os genes que promovem o cuidado.[114]

A psicologia moderna e as pesquisas neurológicas corroboram a ideia de que somos evolutivamente pré-programados para estender a mão àqueles que precisam. A empatia é um reflexo automático, escreve De Waal, sobre o qual temos pouco controle. Podemos nos esforçar para inibir nossas emoções, bloqueá-las e não agir de acordo com a impulso de ajudar. Mas, exceto por uma pequena minoria — que chamamos de psicopatas —, ninguém é emocionalmente insensível à situação dos outros. Logo, uma pergunta fundamental se impõe: por que nosso cérebro, por meio de uma seleção natural ao longo de milhões de anos, é projetado para se alinhar com as emoções dos outros e sentir sua inquietação, dor e alegria? Se o que conta mesmo é a exploração alheia, a evolução nunca teria promovido tão marcadamente a empatia.

A exemplo de outros primatas, os humanos podem ser animais muito sociáveis e propensos a cooperar, mas ao mesmo tempo precisam se esforçar para conter seus traços egoístas e agressivos. Dito de outra maneira, podemos então ser considerados fundamentalmente movidos pela competição e pelo egoísmo, mas ainda carregamos em nós a capacidade de nos relacionar e nos envolver na interação com os outros.

Se, por um lado, o ser humano é um primata bastante agressivo, por outro, é insuperável na habilidade de estabelecer laços afetivos. Esses laços sociais mantêm o instinto competitivo sob controle. Não estamos fadados a ser cruéis, é tudo uma questão de encontrar o ponto de equilíbrio. A confiança pura e sem reservas em todas as situações é ingênua e nociva, enquanto a ganância nos lega um mundo egoísta e insensível. Se o conhecimento da biologia permite que sociedade e governos façam escolhas melhores, estas devem ser fundamentadas com base em algo diferente da versão caricaturada de evolução que o darwinismo social nos oferece. Que tipo de animal somos nós? Ao contrário do que se pensava anteriormente, as habilidades que milhões de anos de evolução nos legaram são variadas e nos dão mais motivos para que sejamos otimistas. Frans de Waal conclui:

Diria que a biologia é a nossa maior esperança. Há quem sinta calafrios imaginando que a humanidade em nossas sociedades precise depender dos caprichos passageiros que encontramos na política, cultura ou religião. As ideologias vêm e vão, mas a natureza humana está aqui para ficar.

Imitação

Nós copiamos uns aos outros. Nossos corpos comunicam-se entre si, às vezes até sem que essa interação seja registrada por nossa consciência.[115] Temos uma tendência de copiar atitudes, gestos e expressões linguísticas de nossos interlocutores, sem nos darmos conta. É um comportamento social determinante, que geralmente ignoramos por completo. O humor é um bom exemplo, uma boa risada é algo que qualquer um aprecia ver. O riso é algo que se espalha rapidamente num grupo reunido, somos embalados pela risada alheia. É por isso que quase todas as comédias na TV contam com claques de gargalhadas para sinalizar o que os outros acham que é engraçado e é chegada a hora de rir um pouco. O riso pode ser involuntário e emergir nos lugares mais inadequados. Muitas pessoas já sentiram um ímpeto quase irresistível de rir em funerais, por exemplo.

Também encontramos o riso em nossos parentes próximos, como os chimpanzés, principalmente em situações que também nos fariam rir, como quando algo inesperado ou surpreendente acontece. O macho dominante no bando se deixa perseguir por um filhote e finge estar com medo — enquanto ri o tempo inteiro. Nossa risada humana é bastante animalesca, nos tira o fôlego, nos faz trincar os dentes e irromper em ruídos ritmados. Ao mesmo tempo, sinalizamos unidade, experiências compartilhadas e solidariedade quando somos várias pessoas rindo. Talvez a coisa mais fascinante sobre o riso como fenômeno seja o modo como ele se propaga — é quase impossível não rir quando todo mundo está rindo. Frans de Waal, que pesquisa sobretudo os chimpanzés e suas relações, admite que é difícil ficar sério quando ouve chimpanzés brincando e produzindo sons facilmente reconhecíveis como risos.

Pense também em como um bocejo se espalha no meio de um grupo. Quando alguém começa, o restante se esforça para contê-lo. Até mesmo ler (ou escrever) sobre o assunto nos faz sentir vontade de bocejar. O bocejo pode ser contagioso para além das fronteiras entre espécies, indicam as pesquisas. Ele funciona tanto de macacos para humanos como vice-versa. De Waal relata que exibe fotos de cavalos, leões e hienas se espreguiçando e bocejando para seus alunos, que logo passam a *pandicular* da mesma forma. (Pandiculação é o nome científico do que acontece quando bocejamos e nos espreguiçamos.)

Há muitos indícios de que essa mímica corporal é importante para os animais gregários. O riso cria unidade, como vimos. Bocejar, sentir-se cansado e relaxar em conjunto é uma vantagem. O humor contagiante e o estado de espírito norteiam as atividades dos animais que vagam em bandos pela floresta ou savana, como faz a maioria dos primatas. Quando todos comem, é melhor fazer o mesmo, para que não decidam ir embora antes de eu ter comido. É importante não ser aquele que se esqueceu de usar o banheiro da rodoviária antes de o ônibus seguir viagem.

Esse tipo de *sincronia* também é encontrado em muitos outros animais. Cães atrelados a um trenó podem ser tão coesos que um husky que eventualmente tenha perdido a visão consegue correr perfeitamente junto com os demais guiando-se apenas pelo olfato, audição e senso de movimento. A sincronia é muito refinada e requer algo mais que a simples coordenação. Tem a ver com a capacidade de enxergar pela perspectiva do outro. Tomar o corpo alheio como ponto de partida e encontrar a correspondência em si mesmo. Mesmo um recém-nascido mostra a própria língua ao ver os pais fazendo o mesmo. Experimentos mostram que isso pode acontecer além das fronteiras entre espécies. Macaquinhos que olham atentos as pessoas abrindo e fechando a boca repetem o mesmo gesto. Golfinhos imitam os movimentos humanos sem terem sido treinados para isso. Alguém que acene os braços é correspondido com um aceno de nadadeiras — e, quando aquele levanta as pernas, o golfinho responde erguendo a cauda acima da água.

Um cão ileso pode repentinamente começar a mancar na mesma perna imitando o dono que se feriu. A capacidade de imitar os outros também é fundamental para aprender novas habilidades. Aqui o ser humano ocupa uma posição especial, mas, ainda assim, constatamos cada vez mais frequentemente que não estamos sozinhos. Sobram exemplos de como macacos e outros animais observam a maneira como problemas complexos são resolvidos e, então, repetem o mesmo procedimento. Ursos num parque nacional estadunidense descobriram que conseguiam abrir as quatro portas caso pulassem no teto de um determinado veículo para, com isso, terem acesso às guloseimas lá dentro. Esse comportamento rapidamente se disseminou na população de ursos.[116]

Cada vez mais pesquisadores acreditam que essa capacidade de imitar os outros não é aprendida, mas existe potencialmente dentro de nós. O psicólogo sueco Ulf Dimberg conduziu vários estudos pioneiros na década de 1990 sobre o que podemos chamar de "empatia involuntária".[117] Dimberg mostrou que não *escolhemos* ser empáticos, é algo que simplesmente *somos*. Ele fixou no rosto dos participantes da pesquisa pequenos eletrodos que detectavam os menores movimentos musculares e, em seguida, lhes mostrou imagens de rostos de pessoas felizes e zangadas. A reação típica de nós, humanos, é franzir o cenho ao ver rostos mal-humorados e abrir um sorriso ao ver rostos contentes. Isso já era bem conhecido antes da investigação de Dimberg, e também pode ser explicado pelo fato de que conscientemente escolhemos reagir às expressões faciais das outras pessoas.

Esse estudo foi revolucionário ao identificar nos participantes a mesma reação diante de vislumbres de imagens exibidas as quais era impossível perceber conscientemente. Os participantes não conseguiram dizer se tinham visto a imagem de um rosto zangado ou feliz, embora seus corpos imitassem a expressão exibida. Como as expressões faciais não correspondem só aos movimentos musculares, mas também ao estado de espírito, é curioso constatar que os participantes apresentados a rostos felizes relataram estar mais felizes do que aqueles que viram rostos zangados. Novamente, nenhum deles sabia nem foi capaz de identificar o que tinha visto.

Essa capacidade instintiva de sentir empatia pelos outros pode ter surgido junto com os primeiros animais que protegiam e cuidavam de sua própria prole. Por 200 milhões de anos, os mamíferos que sabiam das necessidades da prole transmitiram seus genes e características em detrimento dos que não sabiam. Quando cachorros, cordeiros, potros ou crianças pequenas estão com frio, com fome ou em perigo, os pais precisam reagir imediatamente. Houve uma forte pressão evolutiva em favor dessas características.

Empatia e simpatia

Frans de Waal opera com uma distinção entre *empatia* e *simpatia*.[118] Esta última é uma palavra que usamos com frequência sem nos darmos conta do seu real significado. Simpatia distingue-se de empatia por ser algo proativo. Empatia é adquirir conhecimento sobre a situação e os sentimentos alheios e se colocar em sua condição ou lugar. Simpatia é com base nisso, preocupando-se com o outro e propenso a fazer algo para melhorar a situação alheia. A psicóloga norte-americana Lauren Wispé recorre à seguinte definição:

> *A definição de simpatia divide-se em duas. Em primeiro lugar, uma experiência crescente dos sentimentos do outro, em segundo lugar, uma necessidade de fazer o que for necessário para aliviar e melhorar essa situação.*[119]

Nas últimas décadas, é cada vez mais reconhecido e aceito o fato de que outros animais têm a capacidade não apenas de entender como os outros se sentem, mas também de agir com base nisso. Ratos treinados para obter comida pressionando um botão interrompem essa conduta se esse botão servir para dar um choque elétrico noutro rato. Nossos dois parentes mais próximos, os chimpanzés e os bonobos, são extremamente afetuosos — especialmente os bonobos. Depois de conflitos ou ferimentos, confortar e tranquilizar os vulneráveis é a regra. Nossos animais de estimação se comportam da mesma maneira conosco, e cães e lobos apresentam o mesmo tipo de comportamento após confrontos, por exemplo.

Pesquisas com bebês confrontados com adultos soluçando ou lamentando-se de dor mostram que, já com um ano de idade — mesmo antes de dominarem qualquer idioma —, as crianças tentarão consolar os pais. A necessidade de confortar o próximo existe muito antes de que possam compreender e analisar o que está acontecendo e o que levou àquela situação. Posteriormente, são desenvolvidas características mais avançadas que nos permitem analisar as situações e agir com sabedoria e correção com base na simpatia e na empatia.

Alguns anos atrás, foram encontrados no Cáucaso restos de uma criatura que, segundo os cientistas, se tratava de um *hominídeo*, isto é, um ser humano primitivo. A razão para essa conclusão foi que um exame do crânio mostrou que os dentes desse indivíduo estavam faltando ou eram tão gastos que seria impossível sobreviver sem ajuda e cuidados de terceiros. Portanto, acreditam os pesquisadores, aqueles eram os restos de um ser humano.

A premissa subjacente era que apenas os humanos são capazes da compaixão necessária para cuidar de um parente indefeso por muito tempo. Mas isso não é verdade. Já foram observados inúmeros casos de chimpanzés idosos ou feridos que recebem ajuda de outros membros do rebanho para obter comida à qual não mais conseguem alcançar. Uma chimpanzé fêmea que lutava contra a artrite às vezes só conseguia beber água da boca de outras chimpanzés.[120]

Ensaios controlados também mostram que nossos parentes são totalmente capazes de ajudar os outros quando se requer esforço, sem que isso implique alguma recompensa imediata para si próprios. Estamos falando de coisas prosaicas, como obter ajuda e ferramentas de que outros precisam para ter acesso às guloseimas, mesmo quando estão em gaiolas em que estas não podem ser compartilhadas. Existem também exemplos de "primatas bombeiros" invadindo prédios em chamas. Os chimpanzés são hidrófobos notórios, e por isso mesmo os zoológicos costumam ser cercados por um fosso de água; mesmo assim, aconteceu de chimpanzés em pânico se afogarem em fossos de apenas meio metro de profundidade. No entanto, há exemplos de chimpanzés que arriscaram a própria vida para salvar outros do bando que corriam o risco de se afogar.

Empatia, uma obra em progresso

A evolução geralmente ocorre quando a natureza cria variações sobre um mesmo tema, partindo de características existentes e atribuindo novas funções a órgãos antigos. "Até mesmo o imponente pescoço das girafas é apenas um pescoço", escreve De Waal. Em princípio, também é encontrado em hipopótamos e ornitorrincos. O mesmo vale para a habilidade de cooperar. Transformar a cooperação e a solidariedade entre as pessoas em algo qualitativamente diferente do que encontramos em macacos, ratos, morcegos, lobos ou cães demonstra uma compreensão equivocada do que é evolução. Um mesmo hormônio — a oxitocina — favorece a criação de laços entre mãe e filho tanto em humanos como em casais de camundongos.[121] Experimentos recentes com camundongos demonstram que reagem à dor de outros e se confortam mutuamente, e é até possível mensurar uma elevação de hormônios do estresse num indivíduo que apenas assista a outro recebendo um choque elétrico.[122]

A razão pela qual nós, enquanto cultura, temos dificuldade em atribuir tais sentimentos e habilidades a espécies diferentes da nossa talvez resida no fato de que precisamos abandonar a noção de que ajudar os outros é algo que fazemos após uma avaliação cuidadosa e consciente dos custos e benefícios dessa conduta. "Esses cálculos de custo-benefício aparentemente já foram feitos por nós, há muito tempo, pela evolução", escreve De Waal.[123] Por milhões de anos, as consequências de várias formas de reações e conduta foram sopesadas umas contra as outras, e nós primatas fomos dotados de empatia, o que significa que, nas circunstâncias certas, ajudamos uns aos outros. Reagimos o mais rápido e intensamente quando se trata de parentes ou de pessoas próximas a nós. Ao mesmo tempo, não há exceção quando a ajuda se aplica a alguém de fora do nosso círculo íntimo, como observamos em primatas que ajudam humanos e pássaros feridos. A disposição de ajudar ao próximo surgiu para que cuidemos de nossa família, amigos e parceiros.[124] Demonstramos grande empatia por aqueles com quem cooperamos — mas podemos agir de maneira contrária contra aqueles com quem competimos. Se fomos maltratados, retribuímos com o oposto da empatia, franzindo o nariz quando nossos inimigos estão felizes e sorrindo quando enfrentam a dor e a adversidade. Dessa forma, nossa capacidade de empatia também pode ser revertida e mostrar seu lado pernicioso quando o bem-estar dos outros não é percebido como sendo do nosso interesse. Nossas reações às experiências de outras pessoas não são um dado objetivo, dependem do tipo de relacionamento que temos com elas, exatamente como seria de esperar se nossa psicologia tivesse evoluído para promover a cooperação dentro do grupo ao qual pertencemos.

Temos ideias e comportamentos preconcebidos que favorecem aqueles com quem tivemos ou esperamos ter um relacionamento positivo. Esse mecanismo inconsciente substitui os cálculos frios que muitos filósofos do passado pensavam que havia por trás de nossa disposição para ajudar o próximo. Naturalmente, também podemos fazer esse cálculo — por exemplo, quando fazemos planos em negócios que darão retorno apenas a longo prazo — mas, na maioria das vezes, o altruísmo humano, como o altruísmo de outros primatas, é impulsionado por emoções.

Um exemplo disso é a capacidade e disposição que temos de ajudar pessoas distantes. O que nos compele a enviar roupas ou dinheiro para lugares em que jamais poremos os pés a fim de ajudar pessoas que nunca iremos ver de perto? Não basta uma manchete de jornal informando que o Haiti foi devastado por um terremoto, ou que a fome está grassando no Sudão. Para motivar e envolver, precisamos de pessoas, indivíduos a cujos destinos possamos nos relacionar. De preferência, imagens reais, depoimentos de pessoas que perderam todas as suas posses ou seus entes queridos. Nossa caridade é um resultado não de escolhas racionais, mas de capacidade de nos identificarmos com os outros.

Em 2004, seguindo-se ao tsunami no Sudeste asiático, o apoio dos países escandinavos foi formidável, com contribuições per capita muito mais altas do que os demais países. O motivo, claro, é que muitos escandinavos estavam de férias nos países quando ocorreu o fenômeno. Mais de quinhentos turistas suecos perderam a vida quando uma onda gigante inundou as praias, gerando um sentimento de solidariedade imediato para com a população local, que evidentemente foi ainda mais afetada.

O altruísmo existe?

Mas isso é um altruísmo "real"? Se ajudar os outros se baseia não em escolhas conscientes, mas em nossas próprias emoções desenvolvidas ao longo da evolução, controladas por hormônios do bem-estar como a oxitocina, não estaríamos diante apenas do desejo egoísta de nos sentirmos bem? Tudo se resume enfim a experimentar a sensação boa que toma conta do nosso corpo quando praticamos uma boa ação?

Uma definição assim de "egoísmo" pode incluir absolutamente qualquer coisa e, portanto, torna-se sem sentido. Um verdadeiro egoísta não verá problema nenhum em permitir que alguém passe necessidade. Se alguém estiver se afogando, que se afogue. Se estiver chorando, que se acabe de chorar. Se perder sua carteira, que arrume outra e siga em frente. Essas são ações verdadeiramente egoístas, que se contrapõem a um engajamento empático. A empatia nos colocar no lugar do outro. "Sim", afirma Frans de Waal, "sentimos alegria e satisfação em ajudar os outros, mas, uma vez que essa felicidade nos chega por meio do outro, e *somente* assim, ela é genuinamente dirigida ao outro" — embora seja isso que nos leva a praticar boas ações.

Justiça

Existe uma tendência generalizada de acreditar que a sátira deve ser dirigida a quem está acima, não aos que estão na base da pirâmide social. É legítimo se divertir às custas dos que estão bem de vida em vez de rir da desgraça de quem já está em desvantagem. Um chimpanzé teria dificuldade de entender esse conceito. Frans de Waal descreve um caso em que um dos machos alfa do rebanho que investigava, um indivíduo robusto batizado de Yero, estava envolvido numa típica demonstração de poder e força que acomete regularmente os machos de sua hierarquia. Cheio de testosterona, ele corria dando voltas e batendo no peito, uma locomotiva a vapor desenfreada, passando por cima de tudo e de todos.

Um dos seus locais favoritos era o alto de um tronco de árvore em que escalava para pisoteá-lo e produzir um ruído ensurdecedor, mas chovia então e o tronco estava mais liso que o normal. Assim, em meio à demonstração de poder e força, o poderoso líder escorregou e caiu de traseiro no chão. De Waal gargalhou alto, mas nenhum dos chimpanzés achou graça no que aconteceu. Sua estrutura hierárquica não tem a inerente insolência diante de "autoridades" que os humanos possuem. Somos criaturas complexas que tendem a criar hierarquias sociais, mas, ao mesmo tempo, temos aversão a elas. Estamos apoiados sobre duas pernas — uma social e outra egoísta. Somos rápidos em sentir simpatia pelos outros, desde que não estejamos enciumados, ameaçados ou preocupados com nosso próprio bem-estar. Podemos tolerar diferenças de status e renda até certo ponto, mas torcemos pelo azarão uma vez que esse limite seja excedido. Trazemos em nós um senso enraizado de justiça. Esse sentimento vem de uma longa trajetória ao longo da qual vivemos juntos como homens e mulheres.[125] Nas sociedades tribais, desenvolveram-se mecanismos para manter líderes ambiciosos sob controle. O humor costuma ser um recurso importante, e líderes que se tornam agressivos e egocêntricos correm o risco não apenas de serem ridicularizados, mas de serem apeados do poder.

À medida que fizemos a transição de comunidades pequenas e coesas para sociedades maiores, o espaço para diferenças sociais aumentou. Quando é preciso levantar acampamento a cada semana, só podemos possuir aquilo que damos conta de carregar. No entanto, a desconfiança voltada à injustiça reside dentro de nós. "Nascemos revolucionários", escreve De Waal.

Dinheiro e sexo

Como realmente tomamos decisões financeiras? Experimentos mostram que, ao avaliar o risco financeiro em situações de ganho ou perda, os homens ativam as mesmas partes do cérebro acionadas diante de imagens de conteúdo sexual.[126] Na verdade, depois de expostos a essas fotos, os homens perdem a inibição e tendem a apostar ainda mais no risco. Um pesquisador chegou à seguinte conclusão: "A ligação entre sexo e dinheiro remonta a centenas de milhares de anos, a uma época em que os homens eram os provedores e tinham que demonstrar sua capacidade de fornecer recursos para atrair mulheres". (Lembre-se do princípio da deficiência. Conseguir uma parceira pressupõe feitos extraordinários e ostentação de abundância.)

Em certa medida, isso ecoa o *Homo economicus* frio e calculista em que os economistas mais célebres querem que acreditemos. Os modelos econômicos tradicionais não levam em consideração o senso humano de justiça, que obviamente influencia nossa tomada de decisões. Eles também ignoram como somos governados por nossas emoções, embora nosso cérebro tenha dificuldade de enxergar a diferença entre sexo e dinheiro. No entanto, publicitários compreenderam bem essa questão, daí a associação (embora cada vez menos comum atualmente) entre relógios caros, carros de luxo e mulheres bonitas. Com os modelos econômicos predominantes, continuamos a presumir que somos os atores racionais que raramente encontramos na vida real. A maioria de nós é altruísta, cooperativa, busca a justiça e se preocupa com os objetivos e o bem-estar da comunidade. Se constantemente estamos criando condições que não correspondem ao modo como as pessoas realmente se comportam, então temos um grande problema. O perigo de criar sistemas que pressupõem que somos um bando de oportunistas calculistas é criar um enorme contingente de seres humanos — que de outra forma não existiriam — segundo essa imagem e semelhança. Isso corrói a tendência natural que temos de ajudar o próximo e nos transforma em pessoas mais cautelosas que generosas.

Ao mesmo tempo, essa mentalidade também nos faz reduzir nossas conquistas pessoais. Ainda no século XVIII, em seu livro *Discurso sobre a origem e os fundamentos da desigualdade entre os homens*, o filósofo Jean-Jacques Rousseau trouxe à tona um dilema que até hoje permanece válido: optar entre uma pequena conquista obtida por conta própria ou algo maior realizado com a ajuda alheia, em que cada um assume uma dimensão maior do que jamais conseguiria sozinho. O exemplo a que ele recorre é o de dois caçadores que precisam decidir se caçam lebres individualmente ou um cervo juntos.

Em sociedades modernas e complexas como as nossas, camadas e mais camadas de narrativas comuns e superpostas nos permitem executar uma forma sofisticada de caça ao cervo. É o que acontece em quase todos os ambientes de trabalho. Construímos pontes e rodovias, confiamos em jardins de infância nos quais deixamos nossos filhos sob o cuidado de estranhos, operamos aeroportos em que aviões pousam em segurança. A vontade de cooperar que nos permitiu abater animais de grande porte juntos evoluiu para atividades infinitamente maiores e mais complexas. No entanto, nada disso é feito longe da premissa de que o resultado alcançado deva ser compartilhado de maneira justa. Devemos confiar naqueles com quem caçamos.

É fascinante ver como outros animais abordam questões como justiça e divisão. O chimpanzé que encontra comida é geralmente aquele que decide quem irá ou não se alimentar dela, e essa decisão não é ao acaso. Numa sociedade tão complexa como a dos chimpanzés, vários fatores serão levados em consideração, e tanto a família quanto amigos próximos e alianças estratégicas devem ser considerados. Quem estuda esses bandos por muito tempo depara com uma intrincada rede de benefícios e recompensas. Catar piolhos e cuidar do pelo dos outros é uma moeda importante. Com o passar do tempo, é impossível obter comida de graça.

Na natureza, os chimpanzés às vezes caçam outros animais, especialmente macacos de menor porte, tarefa complexa que depende de estreita coordenação e requer esforços extenuantes. Aqui, a contribuição que cada um deu é devidamente refletida na divisão do butim. Em cativeiro, foram feitas várias experiências em que os chimpanzés precisavam trabalhar juntos para obter frutas e nozes, enquanto apenas um, em tese, teria acesso à comida. Caso não compartilhasse o alimento com os demais, a revolta e os protestos que se seguiam inviabilizavam qualquer tentativa de repetir a experiência.

A origem da linguagem

Existem várias teorias sobre como e por que a linguagem se originou nos humanos. Em seu livro *Sapiens*, o historiador Yuval Noah Harari explica que uma das principais teorias sobre a origem da linguagem está associada à necessidade de avaliar o caráter das outras pessoas. A linguagem, diz ele, é usada principalmente para fofocar, para dar conta de acompanhar a vida dos membros do grupo — quem compartilha, quem contribui, quem é amigo ou inimigo, quem dorme junto. Quando cientistas de física se reúnem, ele observa, não falam antes de tudo sobre física quântica, mas sobre outros físicos.

Alianças

Saber construir alianças é a chave para ascender posições hierárquicas na sociedade dos chimpanzés. Os muitos anos de estudo que De Waal fez sobre esses animais mostram que qualquer um que aspire a chegar ao topo não pode simplesmente desafiar o atual líder numa espécie de duelo. Ele precisa antes arregimentar apoio no grupo e cimentar alianças, tanto entre machos quanto entre fêmeas. Para obter o apoio das mulheres, é típico demonstrar cuidado e zelo extremado pelas crias, e estudos mostram que machos ambiciosos ficam com os pequeninos por semanas e até meses antes de se aventurar numa tentativa de assumir o trono. Imitando políticos em campanha eleitoral segurando bebês no colo, os aspirantes a líder erguem os filhotes no ar para demonstrar sua dedicação. Votem em mim!

É ou deveria ser?

Født sånn eller blitt sånn? [Nascemos assim ou nos tornamos assim?] é o título do livro de Ole Martin Ihle e Harald Eia, baseado na série de TV norueguesa *Hjernevask* [Lavagem cerebral].[127] Tanto a série quanto o livro chamam a atenção para a existência de um certo receio de encarar o ser humano como corpo e biologia, receio este que repercutiu até em setores acadêmicos. Ao buscar na cultura e na sociedade modelos explicativos, portanto, negligenciamos uma série de fatores determinantes.

Um exemplo disso é que mães de crianças com autismo até pouco tempo atrás carregavam a culpa pelas dificuldades sociais, linguísticas e cognitivas que seus filhos enfrentavam. Acreditava-se antes que o autismo se devia às "mães-geladeira" — isto é, que as crianças tinham mães frias e emocionalmente distantes e isso comprometia seu desenvolvimento.[128] Hoje, os pesquisadores acreditam que o autismo se deve a uma anomalia no desenvolvimento cerebral. Essas crianças "nasceram assim", não "se tornaram assim". Não é nossa intenção aprofundar este debate, mas talvez devêssemos esclarecer um pouco o que pensamos. Em primeiro lugar, acreditamos que existe, sim, uma aversão justificada a reducionismos biológicos para explicar o comportamento humano e a estrutura social. Esses modelos têm sido empregados para justificar diferenças de classe, segregação racial, discriminação de gênero e até mesmo genocídio. A imagem incompreendida do ser humano como *Homo economicus*, sobre a qual nos detivemos no início deste livro, é um reducionismo desse tipo. Igualmente, quem acredita que "nascemos assim" incorre numa espécie de fatalismo e fica tomado por uma sensação de que não há mais o que fazer a esse respeito.

As referências ao que é "natural" costumam ser mal utilizadas — desde aqueles que querem que bebamos água não tratada até quem deseja que as mulheres voltem à bancada da cozinha. O debate público sobre o casamento entre pessoas do mesmo gênero foi interessante em muitos aspectos. Os argumentos dos oponentes eram em grande parte religiosos, e ocasionalmente surgia a alegação de que a vida heterossexual mãe-pai-filhos seria um exemplo da ordem "natural" ou "biológica" das coisas.

A afirmação de que a homossexualidade é "antinatural" é simplesmente errada. "Natural" é, em si, um termo problemático, que é usado mais frequentemente para designar coisas que "ocorrem na natureza", isto é, no âmbito do nosso mundo que não está sujeito à cultura e ao controle humanos. Se for assim, a homossexualidade é muito natural. Há inúmeros exemplos de relações sexuais entre indivíduos do mesmo gênero na natureza. Um exemplo divertido é a relação sexual entre girafas, bastante comum. Munidos de lentes heteronormativas, os pesquisadores passaram anos acreditando que se tratava de algum tipo de luta ou comportamento de dominação. Como diz o biólogo Peter Bøckman: "Bastava um macho se aproximar de uma fêmea e tínhamos uma relação sexual, enquanto um coito anal com ejaculação entre machos era apenas dominação, competição ou saudação".[129]

Ao mesmo tempo, não faz muito sentido discutir se algo é natural ou não. "Natural" e "certo" não são sinônimos. Mesmo que a homossexualidade não ocorresse na natureza, este não seria um argumento válido para coisa alguma.

Vem daí o termo "falácia naturalista", cunhado pelo filósofo moral G. E. Moore.[130] Por exemplo, nos divertimos muito digitando num teclado do computador, escolhendo nossos líderes por meio de urnas secretas gratuitas, viajando no metrô e tomando café instantâneo. Nós, por exemplo, nos divertimos digitando num teclado de computador, escolhendo nossos governantes em eleições secretas e livres, nos locomovendo pela cidade num trem subterrâneo e bebendo café em pó instantâneo. Nada disso é "natural" em qualquer sentido, e não damos a mínima se por acaso alguma dessas atividades contrarie de alguma forma nossos genes. O ponto é que não se pode atribuir objetivos para uma sociedade derivados da natureza. É uma falácia que parte da premissa de como as coisas *são* para a constatação de que também *deveriam ou precisam ser* assim. Embora a guerra e o assassinato tenham feito parte da história da humanidade, não é preciso que continuem existindo no futuro. Da mesma forma que não *precisamos* comer carne apenas porque nossos ancestrais o fizeram, nem viver juntos em relacionamentos monogâmicos por toda a vida. O que podemos obter da natureza é informação e inspiração, não uma receita acabada de como uma sociedade deveria ser. Para nós, esses insights sobre nossa "natureza" são simplesmente meios de descobrir os fundamentos para criar sociedades saudáveis. Conhecendo as situações ou condições que engatilham nossa capacidade de agir com brutalidade, será mais fácil construir sociedades em que ela possa ser evitada. Sam Harris talvez seja mais conhecido como defensor do ateísmo, mas é também um autor que reflete sobre as condições necessárias para uma sociedade funcionar bem para todos. Numa conversa com Matt Dillahunty e Richard Dawkins, ele dá um bom exemplo de como podemos imaginar uma sociedade melhor, ao mesmo tempo que ilustra como estamos conectados "por natureza":

> *Acho que muito tem a ver com a economia comportamental. Mesmo pessoas razoavelmente medíocres podem se comportar adequadamente se receberem os estímulos certos. Se os estímulos derem errado, será necessário o surgimento de um herói moral para esse comportamento adequado emergir. Devemos tentar criar sociedades, sistemas e instituições que não exijam que você desperte de manhã encarnando São Francisco de Assis apenas para passar o dia sem matar alguém. Mesmo assim, haverá situações em que será*

preciso. *Situações que exigem que você seja um santo para não incorrer numa conduta absolutamente repreensível. Observe as condições em que vivem pessoas em presídios de segurança máxima — os estímulos ali são completamente errados. Eles empurram os prisioneiros na direção do tribalismo mais selvagem. Mesmo que você não seja racista, deve se ater à sua raça, caso contrário, enfrentará a ira de todos. Queremos sistemas e comunidades menores do que prisões de segurança máxima. Estamos constantemente trabalhando e tentando descobrir como criar essas sociedades, e não dispomos de mil anos para fazê-las acontecer.*[131]

O *Homo sapiens* tem o *potencial* de ser o *Homo solidaricus*. Ao estudar o cérebro, nossos parentes mais próximos e a natureza em geral, podemos aprender algo sobre como esse potencial pode ser explorado em sua plenitude. O exemplo das mães-geladeira mostra que não há automaticidade no fato de que as explicações mais humanas residem no "tornar-se assim". Como deve ser traumático para uma mãe já preocupada com o filho ouvir que a culpa recai sobre ela, fria como uma geladeira. É uma dor que nós, que não a sentimos, mal podemos conceber.

Insistir que nada é inato também não torna, necessariamente, os desafios mais fáceis. Se pudermos dizer algo mais preciso sobre a causa do problema, teremos também uma chance maior de dizer o que precisa ser feito para solucioná-lo. Se as pessoas nasceram ou se tornaram assim é uma questão que requer uma abordagem aberta e ousada. Trata-se de uma questão sobre como as coisas são. Portanto, não podemos ser negligentes quando falamos de como as coisas deveriam ser.

Cultura

Não somos da opinião de que os humanos não passam de um animal como qualquer outro. É óbvio que não é o caso. Uma das coisas que realmente nos diferencia dos outros animais é a capacidade de criar histórias coletivas — noções compartilhadas que nos unem em comunidades maiores do que podemos nos relacionar como indivíduos. Yuval Noah Harari acredita que essa habilidade foi o que realmente permitiu ao ser humano dominar a Terra. Em seu livro *Sapiens*, ele cita pesquisas que concluíram que o tamanho natural de um grupo ou de uma tribo pode chegar ao limite máximo de cerca de 150 indivíduos. Se o grupo se tornar maior do que isso, não será mais possível dar conta dos relacionamentos e conhecer a todos. Qualquer um que queira criar uma comunidade maior precisa encontrar outros elementos aglutinantes para criar um sentimento de pertença ao grupo.

Aqui o ser humano se notabiliza e singulariza. Criamos culturas que reúnem nossas ideias comuns em vez do conhecimento que temos sobre um ou outro indivíduo. Religião, entidades financeiras e corporações são, estritamente falando, apenas noções comuns com as quais concordamos. Essa habilidade nos distingue e nos torna únicos. Harari mostra como nossos dois parentes mais próximos, os chimpanzés e os bonobos, desenvolveram diferentes estruturas hierárquicas. Os chimpanzés comuns têm um macho alfa no topo que controla o bando, ainda que em coalizão com outros parceiros, e impõe limites para impedir que outros machos copulem com as fêmeas. Os bonobos, por outro lado, são governados livremente por uma coalizão de fêmeas dominantes, e o bando tem uma estrutura de liderança muito horizontal. Onde os chimpanzés comuns se confrontam em embates violentos de vida ou morte, os chimpanzés bonobos são pacíficos e resolvem a maioria dos conflitos fazendo sexo entre si.

Revolução no bando de chimpanzés?

Embora compartilhemos mais de 99% do nosso material genético com esses dois primatas, ainda há uma diferença crucial na capacidade de substituir nossas predisposições genéticas. É impossível imaginar que uma Simone de Beauvoir emergisse do bando de bonobos e persuadisse as fêmeas do bando de chimpanzés para que começassem uma revolução feminista e em favor da igualdade e da horizontalidade de relações. Só os seres humanos podem fazer isso — somos muito mais plásticos e podemos substituir uma cultura por outra, à maneira dos franceses do final do século XVIII, que em poucos anos aboliram a ideia de um rei todo-poderoso pela graça de Deus. A autocracia foi substituída pela crença na liberdade, igualdade e fraternidade, direitos universais e a ideia de que todos os seres humanos nascem iguais — antes que a monarquia voltasse a dominar o coração e a mente das pessoas.

Harari imagina em *Sapiens* uma pessoa nascida na Alemanha imperial de 1900 que tenha vivido cem anos e chegado até a virada do milênio. Essa pessoa, portanto, teria crescido sob os Habsburgo, atravessado a Primeira Guerra Mundial e a frágil democracia da República de Weimar, depois Hitler e o nazismo, em seguida o comunismo da Alemanha Oriental e, por fim, a democracia ocidental contemporânea numa Alemanha reunida sob uma forte identidade continental na União Europeia. Essa pessoa experimentaria nada menos do que cinco ideias básicas completamente diferentes de sociedade ao longo da vida.

Memética

Existem algumas tentativas interessantes de conciliar as noções de natureza e cultura. No livro *O gene egoísta*, Richard Dawkins introduziu o conceito de "meme" como uma tentativa de conectar a ideia de evolução à de cultura. O termo é uma contração das palavras "memória" e "gene", e Dawkins sugeriu que o meme poderia ser um componente básico de um processo evolutivo cultural imaginário, da mesma maneira como acreditava que o gene era um componente básico da evolução na natureza. As leis da evolução são universais, observa Dawkins. Se encontrarmos vida em outros planetas, ali também as mesmas leis da evolução governarão a evolução dos organismos.

Como até o momento não temos indícios de vida extraterrestre a ser estudada, Dawkins se pergunta se há algo além do que conhecemos como vida orgânica capaz de atender às condições para a evolução de modo a enfatizar seu ponto de vista. Ele conclui que este é de fato o caso. Ideias e conceitos, acredita Dawkins, podem ser considerados organismos "vivos". Eles "vivem", ou seja, sofrem mutações, se replicam e evoluem numa ideosfera, a contrapartida da biosfera em que vivem os seres orgânicos. Essa ideosfera consiste nos cérebros de todos os seres humanos, onde residem os memes que, com maior ou menor êxito, se espalham para novos cérebros por meio da imitação.

Memes e genes são replicadores — ou seja, têm a capacidade de se multiplicar, se espalhar e gradativamente se desenvolver. Como exemplos de memes, Dawkins cita "melodias, ideias, slogans, moda, maneiras de fazer potes ou arcadas". Ele também aponta para ideias científicas que ganham força ao serem transmitidas do cérebro de um pesquisador para outro. Além disso, acredita Dawkins, grupos de memes individuais agrupados podem formar sistemas complexos de crença e noção. Tanto as ideologias políticas quanto as religiões podem ser consideradas grupos de memes ou plexos de memes. Ele compara a maneira como os memes se espalham saltando de um cérebro para outro com a maneira como vírus ou parasitas são transmitidos.

    Quem nunca se pegou repetindo uma canção irritante "grudada no ouvido" de vez em quando? Assim como o gene, a canção não tem vontade ou propósito. A única coisa que ele basicamente faz é se copiar. Você pode até não desejar aquela melodia irritante ecoando em seu cérebro, mas ela está lá e não desaparece. Você pode querer escrever um capítulo de um livro sobre o fato de que temos, enquanto espécie, a capacidade de sermos solidários e empáticos, mas em vez disso senta e cantarola o velho clássico da TV que ouvia quando era criança.

    "Curtir e compartilhar", lê-se nas páginas dos tiranetes do Facebook. Leia, assista e me espalhe ainda mais, miam miríades de gatinhos fofos em todas as plataformas. Muito do conceito original de "meme" se perdeu nesse contexto. O termo passou a ser usado para se referir a mensagens, imagens e suas variações compartilhadas em redes sociais. Elas podem surgir do nada e, de repente, ganhar enorme visibilidade no Facebook e no Twitter. Em centenas de milhares de telas ao redor do mundo, mentes férteis se concentram em dar vida a criações divertidas ou contundentes. Publicitários e consultores políticos também acham espaço procurando divulgar sua mensagem. Eles testam suas mensagens com pequenas variações e para diferentes grupos-alvo para encontrar aquela que melhor induz as pessoas à ação, seja para comprar algo, doar dinheiro para uma causa ou apenas para espalhar a mensagem adiante. Esse é um trabalho que consome muita criatividade e dinheiro, mas são poucos os memes que são maciçamente disseminados — ou "se tornam virais", como se diz. Essa expressão se baseia em duas coisas: uma é a incrível velocidade com que os vírus podem se multiplicar. O segundo é o fenômeno que faz você "curtir" e "compartilhar" algo.

Alguns pesquisadores chegam a chamar os memes de vírus cerebrais cuja existência é bem anterior aos smartphones e à internet.

A teoria dos memes foi com o tempo se tornando, ela mesma, um meme bem-sucedido e, para seus mais fervorosos defensores, a memética tornou-se uma forma de explicar muita coisa. Para a psicóloga e escritora Susan Blackmore, nossa consciência inteira é uma coleção de memes, conforme as teorias que compilou no livro *The Meme Machine* [*A máquina de memes*]. Tudo aquilo que é transmitido de pessoa para pessoa é um meme, acredita Blackmore. Todas as palavras que você sabe falar, todas as histórias que conhece, todas as músicas que cantarola, quase tudo que você aprendeu e é capaz de fazer. Os livros de que gosta, se dirige o carro do lado direito ou esquerdo da via, o tipo de vinho (branco ou tinto) que bebe para acompanhar o prato de bacalhau. As leis que regem o país em que vive, os programas dos partidos políticos nos quais vota — tudo em nossa cultura são memes, afirmam Blackmore e seus colegas.

É claro que há quem não vá tão longe, mas essa maneira de compreender a difusão de ideias oferece algumas perspectivas interessantes ainda assim. Além da lenta evolução genética, há também uma evolução cultural e ideológica que pode ser muito mais rápida e ajuda a explicar o poder que reside em nossa cultura e como nossa capacidade de compartilhar ideias se desenvolveu. Se olharmos para o catolicismo como um memeplexo, por exemplo, podemos entender melhor um fenômeno como o celibato entre os padres. O celibato faz pouco sentido para os genes dos padres, que não são transmitidos para a próxima geração, mas significa que os padres não precisam gastar tempo com parceiros e filhos e podem dedicar todo o seu tempo para divulgar os memes na religião.

Está além da nossa competência e preocupação neste livro sugerir uma maneira nova e revolucionária de refletir sobre a natureza e a cultura. A memética também recebeu muitas críticas e provavelmente está longe de se firmar como um novo ramo da ciência sobre o desenvolvimento da cultura. Ainda assim, é muito interessante que esteja desbravando essa trilha. A noção de que o ser humano é o produto de uma interação intrincada entre natureza e cultura, entre genes e meio ambiente, tem sido amplamente aceita. Encontrar uma maneira de unir nosso pensamento sobre ambos os temas é o sinal de um futuro promissor.

Adaptabilidade extraordinária

Um pré-requisito decisivo para o *Homo solidaricus* é reconhecer que o ser humano não é um escravo dos genes e da biologia. Nossa capacidade de adaptação é única. Construímos sociedades sob o sol escaldante do deserto e no norte congelado. Ao longo dos milênios, modelos completamente diferentes de sociedade surgiram e seguiram funcionando durante intervalos de tempo mais ou menos extensos. O postulado de Yuval Noah Harari no livro *Sapiens* é que nossa capacidade de abstração compartilhada é a base para criarmos culturas. Em suma, isso significa que interagimos pacificamente com milhões de pessoas que não conhecemos porque compartilhamos um mundo idealizado.

O capitalismo é citado como exemplo: estamos dispostos a trabalhar e nos sacrificar em troca de algumas cédulas de dinheiro na expectativa de que possam ser trocadas por outra coisa, mas nenhuma realidade física garante essa troca: nossa única garantia consiste em que muita gente continue acreditando no sistema. Nações e impérios também existem à medida que uma massa crítica percebe seus símbolos constituintes como poderosos o suficiente. A religião também é especificamente humana — nenhum chimpanzé dará duas bananas a um sacerdote primata em troca de uma promessa de quantidades ilimitadas de frutas após a morte. Nossa capacidade de reunir ideias comuns oferece a oportunidade de concretizar diversas formas de sociedade. É algo ao mesmo tempo assustador e muito promissor.

Uma história ilustrando as possibilidades que temos como humanos é recorrente em várias culturas e atribuída aos verdadeiros sábios:

Um velho conversava com o neto sobre a vida e lhe disse: "Dentro de mim há um conflito feroz. É uma luta entre dois lobos famintos. Num deles habitam a raiva, a inveja, o ciúme, a tristeza, o remorso, a ganância, a arrogância, a autocomiseração, a culpa, o nojo, a inferioridade, as mentiras, o orgulho e a superioridade. No outro lobo vivem a alegria, a paz, o amor, a esperança, a partilha, a bondade, a humildade, a bondade, a amizade, a empatia, a generosidade, a verdade, a compaixão e a fé. Abrigamos esses dois lobos dentro de nós. A mesma luta que acontece em mim, acontece em você também, e em todas as outras pessoas".

A criança pensou por um segundo e em seguida perguntou ao avô: "E qual lobo ganhará a luta?".

O velho respondeu: "Aquele que você alimentar".

Essa fábula ilustra as escolhas que temos e também os valores básicos sobre os quais nossa sociedade é edificada. Se escolhermos o egoísmo como força motriz, obteremos mais indivíduos egoístas. A cultura humana e a natureza caminham juntas.

O mundo de ontem

Até aqui, falamos muito sobre os bons tempos de outrora e de um desenvolvimento que remonta a milhões de anos. Vejamos agora um pouco o que sabemos e pensamos sobre nosso passado relativamente recente e o que podemos aprender com ele. Não existe um Jardim do Éden feliz para o qual possamos regressar, mas as experiências do tipo de sociedade tribal em que nós humanos vivemos durante a maior parte de nossa história ainda têm lições importantes a nos ensinar.

"Todas as sociedades são tradicionais há muito mais tempo do que são modernas", escreve o biólogo evolucionista Jared Diamond em seu livro *O mundo até ontem*. Ele examinou mais de perto as sociedades remanescentes, em que as pessoas vivem da mesma forma que viviam milhares de anos atrás, com o objetivo de encontrar lições que possamos aplicar em nossas sociedades e vidas contemporâneas. Ele quis descobrir o que podemos ter perdido e o que podemos atirar com segurança na lata de lixo da história.

Diamond não está sozinho ao recorrer a comunidades tribais em busca de inspiração. Em 1957, o antropólogo Colin Turnbull visitou o povo Mbuti, do Congo. Lá, experimentou como essa população autóctone caçava e vivia na mesma área onde viveu por cerca de 60 mil anos, de acordo com estudos genéticos recentes. No livro *The Forest People* [*O povo da floresta*], descreve um episódio em que um pequeno grupo de caçadores robustos e resistentes se esgueira pelo coração da floresta carregando redes feitas de trepadeiras trançadas, cada uma com dezenas de metros de comprimento. Depois que as redes são estrategicamente armadas entre as árvores, as mulheres e crianças fazem o que lhes cabia: gritam e pisoteiam o chão para afugentar a caça na direção da armadilha.

   Turnbull constatou que, para essa tribo específica, a caça era uma atividade coletiva em que o sucesso do caçador individual pertencia à comunidade. Porém, naquela ocasião, ele testemunhou como esse princípio foi contestado e como o conflito resultante foi resolvido. Um dos membros da tribo, um homem chamado Cephu, se aventurou sozinho pela mata, estendeu sua própria rede antes dos outros e capturou os primeiros animais que fugiam do alarido provocado pelas mulheres e crianças. No entanto, não conseguiu alcançar os animais capturados antes de ser descoberto pelos demais membros da tribo. A história de como Cephu tentou roubar a caça da tribo espalhou-se rapidamente e se chegou à conclusão de que ele deveria ser responsabilizado.

   Num julgamento provisório, Cephu defendeu sua atitude alegando que decorria de uma iniciativa individual e assumindo a responsabilidade pelos seus atos. "Ele achou que merecia uma posição melhor na armação das armadilhas", observou Turnbull. "Afinal, ele era um homem importante, um líder de seu grupo, que merecia estar na linha de frente." Se fosse assim, respondeu um dos decanos mais respeitados da tribo, Cephu deveria partir para nunca mais voltar. Os Mbuti não têm chefes, são uma sociedade de iguais, na qual prevalece a divisão dos bens.

   O resto da aldeia concordou sem dizer palavra, escreveu Turnbull. Diante da alternativa assustadora de ser expulso da comunidade — um destino pior que a morte —, Cephu cedeu, humildemente se desculpou, disse que devolveria a carne para a tribo e isso pôs fim à questão. Os outros membros da tribo foram tirando peças de carne da cesta de Cephus, enquanto ele punha a mão na barriga e implorava para ficar com algo para matar a fome. Os outros apenas riam e iam embora carregando seu quinhão. Cephu foi obrigado a apoiar a decisão da tribo, quisesse ou não.

De onde vem o altruísmo?

Christopher Boehm é professor de antropologia e biologia na Universidade do Sul da Califórnia e diretor do Jane Goodall Research Center. É autor de uma vasta produção acadêmica em que examina a interação entre os desejos dos indivíduos e do grupo em que estão inseridos, bem como a maneira pela qual o altruísmo é expressado. Seu livro *Moral Origins: The Evolution of Virtue, Altruism and Shame*[132] [*Origens morais: a evolução da virtude, altruísmo e vergonha*] explora várias linhas de raciocínio tentando responder à seguinte questão: por que o ser humano, de todos os primatas que vivem socialmente, é tão abnegado?

"Há duas maneiras de agir para criar uma vida digna de ser considerada boa", constata Boehm. "A primeira é punindo o mal e a outra é promovendo ativamente o bem."[133] A teoria de Boehm de como a seleção natural ocorre em contextos sociais leva ambas em consideração. O termo "altruísmo" é usado por Boehm para descrever a generosidade demonstrada a qualquer um que não seja um parente próximo. Ele sustenta que o desenvolvimento do altruísmo no ser humano pode ser compreendido observando-se os códigos morais de tribos de caçadores e coletores. Em parceria com um assistente, o autor investigou milhares de documentos escritos por antropólogos que estudaram 150 dessas sociedades onde se vive como nossos ancestrais antes da revolução agrícola. Boehm codificou as várias categorias de prática social, como ajudar estranhos, usar a pressão de pares contra dissidentes ou executar aqueles que violam as regras tribais. Boehm pôde então ver como essas diferentes práticas são comuns.

As descobertas apontam claramente na mesma direção. Em todas essas comunidades tribais — desde os nativos das ilhas Andaman, no Oceano Índico, aos inuítes do norte do

Alasca — a generosidade e o altruísmo são sempre praticados tanto para com parentes como para com outros membros tribais. Compartilhamento e cooperação ganham destaque como os valores morais mais importantes. Claro, isso não significa que todos os habitantes dessas comunidades sempre se orientem por esses valores. Em todas as sociedades examinadas houve pelo menos um caso do que chamaríamos de crime, roubo ou assassinato. Em oito entre dez comunidades havia pessoas que se recusavam a compartilhar, e em três de cada dez houve relatos de indivíduos que tentavam ludibriar o resto do grupo — como fez Cephu no relato anterior.

Existem, portanto, violações dos códigos sociais e morais em todas as sociedades onde as pessoas vivem, e provavelmente tem sido assim desde o início dos tempos. O interessante é ver como diferentes sociedades escolhem lidar com tais eventos. Tanto quanto a habilidade de fazer ferramentas ou criar arte, é nossa incontornável inclinação pelo disse me disse uma característica que nos define como espécie. A fofoca e o falatório estão intimamente associados às regras morais de qualquer sociedade, e os indivíduos podem ganhar ou perdem prestígio à medida que seguem ou não essas regras. Há boas razões para temer os mexericos se a percepção comum do grupo sobre um indivíduo se tornar negativa.

Especialmente naquelas regiões mais inóspitas, em que ser expulso do grupo equivale a uma sentença de morte, uma boa reputação é tanto uma virtude quanto uma necessidade. "A opinião pública, transmitida pela fofoca, é sempre o que rege o processo de tomada de decisão tribal", registra Boehm, "e o temor do que as pessoas vão dizer atua em si como um impeditivo à ruptura das normas, pois as pessoas geralmente são muito sensíveis quando se trata de seu próprio bom nome e reputação."[134] Reconhecemos aqui a pressão de conformidade que surge em pequenas comunidades norueguesas e resultou na expressão "bicho de aldeia".

Isso é expresso de maneira mais poética no *Hávamál*, o compêndio de provérbios dos vikings: "Morre o gado, morrem os amigos, morres até tu. A reputação sólida, porém, perdura". Uma boa reputação aumenta o prestígio de quem se comporta de maneira gentil e altruísta, enquanto aqueles que têm má reputação acabam marginalizados. Como esse comportamento dá mais prestígio à tribo, e o prestígio é um atributo intimamente ligado à atração pelo sexo oposto, a fofoca ajuda a aumentar a tendência daqueles que agem altruisticamente de ter mais filhos e passar seus genes para a próxima geração.

Fofoca e senso comum

Às vezes, a fofoca não é o bastante para diminuir ou erradicar com o comportamento antissocial. Na análise de Boehm das sociedades tribais, o "senso comum" e o isolamento físico eram as reações mais comuns diante de condutas repreensíveis, mas outros métodos também eram empregados. Quatro em cada dez comunidades manifestavam apoio permanente a seus membros, a humilhação pública foi identificada em seis de cada dez, os violadores foram banidos pelo grupo em sete de cada dez comunidades dias após o ocorrido, enquanto em quase todas — nove em dez — verificaram-se várias formas de castigos corporais. Nos casos em que membros eram executados ou banidos, seus genes eram automaticamente removidos, eliminando assim o comportamento antissocial desse grupo. Em outras palavras, esse tipo de seleção natural praticada em um grupo social com o tempo dará aos altruístas melhores chances de sobrevivência. O fundamento biológico da moralidade humana tem a ver com o fato de que esses mecanismos vêm operando geração após geração desde nossos ancestrais.

Reconciliação

Voltemos ao caçador Cephu. Ele, escreve Turnbull, havia muito incomodava seus amigos tribais, mesmo antes de cruzar a fronteira e tentar amealhar mais do que lhe era de direito na caçada. Os outros membros da etnia Mbuti relataram que Cephu nunca participava quando eles se sentavam juntos para tomar o desjejum e discutir a estratégia para a caçada do dia — ele apenas concordava com as decisões dos outros. Era também considerado desajeitado e barulhento, e assustava os animais antes que fossem capturados pelas armadilhas. Quando pegava sua parte na caçada, sempre a levava para assar em sua própria fogueira, em vez de se sentar para comer na companhia dos demais. Além disso, acontecia de o ouvirem praguejando contra a aldeia enquanto estava sozinho. De acordo com Turnbull, praticamente todos estavam irritados com Cephu e seu comportamento egoísta, que o transformava em assunto preferencial dos comentários da tribo. Os outros evitaram tomar uma atitude a fim de preservar a unidade tribal, mas o episódio das redes foi a gota d'água. "Cephu foi considerado culpado daquele que é sem dúvida um dos piores crimes entre os povos indígenas e raramente ocorre. Mesmo assim, o caso foi tratado com rapidez e eficiência", concluiu Turnbull.

Na etnia Mbuti, a exemplo da maioria das sociedades de caçadores-coletores, o altruísmo e a igualdade são traços que conferem liberdade ao indivíduo. Seguindo essas regras morais, evita-se que um indivíduo explore os outros ou adquira privilégios que o tornem dominante no grupo. Mas, da mesma forma que em nossas sociedades, a relação entre o indivíduo e o coletivo está sempre evoluindo. Talvez seja por isso que, depois que os Mbuti se alimentaram bem e estavam saciados com o produto da caça do dia, alguém silenciosamente se aproximou de Cephu e lhe deu um pouco da carne e dos cogumelos que os outros deixaram de consumir. Mais tarde, Cephu surgiu perto da grande fogueira, sentou-se no chão e cantou com o resto da tribo.

No entanto, é preciso um grão de sal ao recorrer hoje a sociedades tribais como modelo de como o ser humano vivia há dezenas de milhares de anos. Como Yuval Noah Harari aponta em *Sapiens*, essas tribos costumam habitar áreas marginais. Nelas, isso pode ter resultado em outras adaptações além daquelas que afetaram as demais durante a revolução agrícola, quando em todo o mundo só havia sociedades tribais, mesmo nas regiões mais férteis.

Jardins de infância

O professor Alexander Cappelen, da Faculdade Norueguesa de Administração, conduziu em parceria com colegas norte-americanos um experimento muito interessante, que investigou como a convivência no jardim de infância afeta as crianças.[135] Para comparar o efeito da socialização de jardim de infância, não se podia considerar apenas crianças que o frequentaram e comparar eventuais diferenças encontradas. Era preciso antes eliminar quaisquer diferenças entre os grupos, o que poderia influenciar os motivos para alguém frequentar ou não um jardim de infância.

Cappelen e os outros pesquisadores do Choice Lab firmaram então uma parceria com colegas norte-americanos de Chicago, que receberam uma boa quantia em dinheiro para construir dois jardins de infância num bairro pobre da cidade. O projeto consistia basicamente em estudar o efeito do jardim de infância no desenvolvimento cognitivo das crianças, ou seja, se contribuía para melhorar seu desempenho escolar. Tudo começou com os pesquisadores organizando um sorteio entre pais da vizinhança para determinar quem poderia matricular seus filhos em tempo integral no jardim de infância. Posteriormente, uma série de testes comparou essas crianças com outras que não frequentaram o jardim de infância.

Três anos depois, a equipe de Cappelen retornou para realizar novos testes com crianças do jardim de infância e do grupo de controle, que agora já estavam frequentando a escola. Esses testes analisaram como as crianças se comportavam diante da partilha de objetos e revelaram o que elas consideravam uma divisão justa ou injusta. Os pesquisadores criaram uma desigualdade entre duas pessoas e trouxeram as crianças para decidir o que deveriam fazer a respeito. Assim sendo, alguém recebeu dez adesivos e o outro, nenhum; caberia às crianças decidir se essa divisão deveria ser modificada, se seria preciso diminuir a quantidade de um e dar ao outro e, nesse caso, quantos adesivos.

O que os pesquisadores descobriram foi que as crianças que frequentaram o jardim de infância, mesmo passados dois ou três anos, eram muito mais propensas a escolher uma distribuição equânime dos adesivos. Cappelen acredita que isso ilustra um ponto geral. Uma coisa é o efeito comportamental de frequentar o jardim de infância, mas também há muito o que aprender sobre como nossas instituições não têm apenas uma função instrumental, de nos ensinar coisas concretas, mas também de moldar nossos valores. Devemos levar isso em consideração ao escolher quais sistemas educacionais devemos adotar. Em alguns anos, experimentaremos os efeitos decorrentes de todas as crianças norueguesas terem frequentado jardins de infância. Ao que tudo indica, isso ajudará a fortalecer o ideal de igualdade que já é muito prevalente na Noruega.

Posteriormente, a mesma experiência foi realizada com jovens de doze países diferentes. Não é surpresa que diferentes países e culturas tenham diferentes percepções do que é justo. Essa característica fica bem marcada comparando-se a Noruega e os Estados Unidos, por exemplo. Ao mesmo tempo, verifica-se que as crianças optam por distribuir de forma mais justa quando descobrem que outras crianças fizeram uma distribuição justa — e vice-versa. Isso evidencia que os valores e pensamentos que escolhemos para construir uma sociedade, na verdade, têm um impacto sobre os valores e pensamentos que seguem prevalecendo.[136] O ser humano é moldável. A política funciona.

A política e o futuro

O que devemos deduzir dessa imagem diversa e cautelosamente otimista do ser humano que tentamos traçar? Em primeiro lugar, que há motivos para ter esperança no futuro e ser otimista. Lutar pela solidariedade é estar em sintonia com características fundamentais da nossa espécie. Viver em sociedade não é um embate que põe em xeque a natureza humana, mas é algo latente, embutido em nós. O que isso pode e deve significar para nossa visão de justiça, distribuição e comunidade?

Tim Minchin, músico, ator e comediante britânico-australiano, optou por colocar as coisas desta forma, num discurso para estudantes de pós-graduação na Universidade do Oeste da Austrália:

Você tem sorte de estar aqui. Você tem sorte de ter nascido, e ainda mais sorte de ter crescido numa boa família que o ajudou a conseguir uma educação e o estimulou a ir para a universidade. Se você nasceu em uma família terrível, provavelmente foi por azar e você merece toda a minha solidariedade, mas ainda assim tem sorte; você tem sorte de estar equipado com o tipo de DNA que — a despeito do péssimo ambiente em que foi criado — fez com que você tomasse as decisões que o levaram, enfim, a concluir a educação universitária. Parabéns por conseguir se levantar depois dos percalços, mas você tem sorte. Não foi você quem criou a parte de você responsável por colocá-lo de pé. Acho que trabalhei muito para conseguir o que consegui.

Mas eu não criei a parte de mim que trabalha duro, assim como não criei a parte de mim que me fazia ficar comendo hambúrgueres em vez de ir às aulas enquanto era aluno desta universidade.

Ter em mente que você não merece o crédito por seus êxitos nem pode culpar os outros por sus fracassos são atitudes que o tornarão mais humilde e mais empático. Empatia é intuitiva, mas também é algo que você pode desenvolver intelectualmente.[137]

De cada qual, segundo sua capacidade; a cada qual, segundo suas necessidades

O historiador e político socialista francês Louis Blanc formulou em sua época o princípio socialista de justiça "De cada qual, segundo sua capacidade; a cada qual, segundo suas necessidades", ou, como costuma se traduzir, "dê de acordo com o que puder e receba de acordo com o que precisar".[138] É essa a pedra angular do Estado de bem-estar social.

Muitas pessoas podem pensar que há nesse enunciado algo de contraintuitivo. Não se deve ser recompensado pelo esforço que se faz? Não seria mais justo assim? Bem, poderia ser, se tivéssemos as mesmas *premissas* para realizar esse esforço, mas sabemos que a realidade é outra. Não viemos ao mundo com as mesmas condições. Nossos pré-requisitos também variam ao longo da vida, e podemos ser afetados por algo que nos tira a capacidade de realizar qualquer coisa. O único princípio de justiça que não viola o fato de que somos criados fundamentalmente diferentes, que nem mesmo a sorte é um recurso igualmente partilhado, é "de cada qual, segundo sua capacidade; a cada qual, segundo suas necessidades".

Dar o que se tem e receber conforme o que é necessário alia justiça e interesse próprio. Se reconhecermos nossa própria fragilidade, perceberemos que nem sempre seremos capazes de ter um bom desempenho. Se envelhecermos ou ficarmos doentes, ficaremos felizes em poder receber conforme o necessário, sem que isso nos exija nenhum esforço em particular.

Numa perspectiva um pouco mais ampla, também temos tudo a ganhar com uma sociedade que facilita aos outros obter o que precisam. Se seu vizinho ficar desempregado, se viciar em drogas, cair em depressão e nenhuma instituição puder lhe fornecer ajuda qualificada, isso pode rapidamente se tornar um problema para você também. Se por acaso um dia, num acesso de desespero ou insanidade, ele beber, dirigir e atropelar você ou seus filhos? Não importa se ele *merece* ajuda. De sua parte, é muito mais importante que ele realmente obtenha essa ajuda antes que as coisas deem errado — absoluta e independentemente de ele merecê-la ou não.

Desigualdade e custos da pobreza

Se acrescentarmos o que agora sabemos sobre a conexão entre crime, doença e pobreza e desigualdade econômica, é mais inteligente trabalhar por uma sociedade com um grau elevado de igualdade e segurança econômica. Ninguém quer viver numa sociedade em que haja chances maiores de ser roubado ou espancado no caminho para o trabalho.

Quando se costuma discutir o assunto, os economistas (burgueses) franzem o cenho e discorrem sobre os altos custos que o Estado de bem-estar social demanda. O modelo nórdico é excessivamente generoso, dizem eles, e precisamos estar atentos se esses custos o tornam sustentável. Os políticos (burgueses) também costumam se referir aos custos altos e ao impacto na produtividade, embora deem graças a Deus por viverem numa sociedade assim — e levem o crédito por sua existência.

Não há razão para se preocupar com a sustentabilidade do Estado de bem-estar social. Mas e se, em nome da sustentabilidade, cortarmos custos e simplificarmos as coisas a ponto de que seu propósito mais importante, uma sociedade com pequenas diferenças e hierarquias relativamente planas, dê errado?

O mesmo se aplica ao modelo trabalhista norueguês; qual é o custo de corroê-lo? Isso deve ficar mais explícito na discussão sobre o tema. Devemos atrair mais pessoas para debater o custo de destruir o que conquistamos. Uma coisa é certa: pobreza e hierarquias são fenômenos nocivos e perigosos.

Lagostas e legislação trabalhista

O canadense Jordan Peterson, psicólogo clínico e estrela do YouTube, ganhou muita notoriedade citando lagostas como exemplo. É difícil não rir um pouco da arrogância fervorosa de Peterson, pelo menos na nossa condição de fleumáticos escandinavos, acostumados desde sempre a encarar a vida com um pouco de ironia. É fácil fazer piadas sobre a analogia um tanto banal entre crustáceos e humanos. Se você conseguir conter o riso e deixar de lado a personalidade egocêntrica de Peterson, enxergará muitos pontos positivos no que escreve.

Independentemente do que se possa pensar dele, trata-se de um homem extremamente ilustrado. Aparentemente sem esforço, demonstra domínio de assuntos que vão da biologia à mitologia e combina isso com sua vasta experiência em orientar pessoas em crise. Vamos dar uma olhada mais de perto no que Peterson está realmente tentando dizer na famosa passagem sobre as lagostas no livro de autoajuda *12 regras para a vida: um antídoto para o caos*.[139]

O sistema nervoso da lagosta é bastante primitivo e, portanto, bem possível de ser estudado. As lagostas também são muito territoriais e, como mudam de exoesqueleto, às vezes ficam muito vulneráveis. Para ter uma vida boa, uma lagosta precisa ter acesso a alimentação e a bons esconderijos, de preferência próximos uns dos outros. Portanto, são criaturas que evoluíram para lutar aguerridamente contra as lagostas rivais.

Sob o título "A neuroquímica da vitória e da derrota", Peterson discorre sobre como as lagostas dominantes acabam tendo uma aparência diferente das perdedoras. As mais dominantes sobressaem, as menos dominantes se prostram. Isso, por sua vez, está diretamente relacionado ao equilíbrio entre duas substâncias químicas no cérebro — a serotonina e a octopamina. Vencer aumenta os níveis de serotonina em comparação com a octopamina. Se uma lagosta que acabou de perder uma batalha por um território receber serotonina, ela também parecerá triunfante.

 As mesmas estruturas básicas são encontradas em nosso cérebro, embora ele também contenha muito mais. Essas estruturas costumam ser chamadas de "cérebro reptiliano", mas "cérebro lagostino" seria uma designação igualmente apropriada. O ponto defendido por Peterson é que esses sistemas possuem mecanismos de retroalimentação rudimentares. Se você entrar em conflito com alguém, seu cérebro lagostino de início liberará substâncias que o deixam com raiva e, talvez, com medo. Se sair vitorioso do conflito, a vitória desencadeará substâncias associadas à alegria e à excitação. Se perder, a derrota desencadeará substâncias que têm o efeito oposto, destinadas a lidar com esse sentimento. O que Peterson quer dizer é que os efeitos a longo prazo de ambos os tipos de substâncias, chamadas neurotransmissores, são importantes. Se você costuma perder conflitos, isso afetará seu cérebro. O mesmo acontecerá se você é acostumado a vitórias.

 Pessoas que apresentam depressão clínica costumam ser tratadas com um grupo de medicamentos chamados *inibidores seletivos de recaptação da serotonina e da noradrenalina (ISRSN)*. O efeito dos ISRSN é aumentar a quantidade desses neurotransmissores no cérebro. Felicidade e bem-estar estão intimamente ligados a níveis elevados dessas substâncias. São elas que, segundo Peterson, inundam seu corpo quando você vence um conflito.

 Digamos que um chefe com quem você não se dá lhe atribua tarefas que você não deseja. Você pode receber uma mensagem por e-mail, num tom que considera condescendente demais, informando que a partir de agora é sua responsabilidade responder às demandas de clientes insatisfeitos. A primeira coisa que acontece é que você ficará irritado, claro. Mais cedo ou mais tarde, não terá alternativa a não ser confrontar o chefe, e todo seu corpo ficará retesado de raiva e estresse. Agora, digamos que você coloque aquele idiota no seu devido lugar. Você foi capaz de dizer a ele que já está por aqui de trabalho e outras pessoas podem fazer aquilo tão bem quanto você. Você ganhou! Nesse caso, se sentirá aliviado, feliz e exultante. Seu medo diante do próximo conflito também será menor. Seu cérebro lagostino entra em ação e recompensa você com serotonina. Acumulando essas experiências, você terá um cérebro que lida bem com os conflitos, seu espaço de atuação será e até mesmo seu caminho para assumir uma posição de liderança se tornará mais curto.

"Costas eretas, ombros para trás" é o título do capítulo do livro de Peterson com o exemplo da lagosta. O conselho para o leitor é claro: endireite-se e esteja pronto para a batalha. Sinalize para todos que eis aqui alguém que não está disposto a abaixar a cabeça. Não é um conselho mau em si. Peterson também afirmou que teve sucesso ao oferecer às pessoas o que chama de "treinamento de assertividade", que poderíamos chamar também de *treinamento de autoafirmação*. A maioria das pessoas provavelmente conhece alguém que se beneficiaria bastante de algo assim.

As soluções de Peterson constam, naturalmente, num livro de autoajuda escrito por um psicólogo e dirigido a pessoas que querem assumir a responsabilidade por seus atos sozinhas. Você tem que lutar por seu lugar no mundo sozinho e, se o fizer, poderá sair do círculo vicioso em que acaba colecionando derrotas. Quando você se endireita e encara as pessoas diretamente nos olhos, seu corpo lhe dá sinais de que você não é um capacho e, em maior medida, as pessoas ao seu redor também o perceberão de maneira diferente.

No entanto, existe outra maneira de combater esse problema. Peterson, na verdade, fornece uma boa justificativa para a consolidação de uma boa legislação trabalhista, embora dificilmente tivesse isso em mente quando escreveu *12 regras para a vida*. O ponto principal do amparo legal ao trabalhador é evitar que ele tenha de enfrentar todas essas batalhas sozinho. Você não precisa constantemente entrar em embates com um chefete inebriado com o poder. Em vez disso, existem acordos coletivos, regulamentos e iniciativas sindicais de proteção em que você pode se apoiar para que não tenha que lutar sozinho por seu lugar de direito na vida profissional. Provavelmente, não podemos esperar criar uma sociedade completamente sem hierarquias ou relações de superioridade e subordinação. Como Peterson aponta, isso está muito enraizado em nós — no fundo do cérebro lagostino reside a necessidade de autoafirmação. Mas, como demonstramos na Noruega, podemos fazer muita coisa a respeito das hierarquias. Podemos torná-las menos brutais e podemos garantir que haja condições salutares de vida pessoal e profissional, mesmo para aqueles na base da pirâmide social.

Claro, existem pessoas que são particularmente resistentes, que sempre lidam bem com conflitos e podem ter um histórico de vitórias sucessivas, mas a grande maioria deve se identificar com uma alternância de vitórias e derrotas nas lutas cotidianas. Para a maioria das pessoas, é a melhor alternativa para que se organizem e lutem, ao lado de outros, por uma vida profissional em que conflitos constantes e difíceis sejam evitados. Numa situação assim, um menor contingente de pessoas ainda terá que amargar derrotas e acabar no limbo que Peterson retrata: a base da pirâmide social.

Que todos devam ser capazes de se soerguer, olhar nos olhos uns dos outros e não rastejar servilmente diante de um capataz ou patrão inclemente é a principal demanda do movimento trabalhista. A química cerebral pode até não ser exatamente o que o ícone trabalhista norueguês Einar Gerhardsen [1897-1987] tinha em mente quando proclamou que "nenhum trabalhador deve mendigar de chapéu na mão", mas o conhecimento que acumulamos hoje sobre o assunto só enfatiza a importância de não precisar expor ninguém a esse tipo de humilhação. *Um lugar ao sol, serotonina e paz de espírito, direito de todos*, diria o poeta Nordahl Grieg.

O preço da desigualdade

Em *12 regras para a vida*, Peterson mal arranha a superfície de quanto custa estar bem abaixo na hierarquia ou na base da pirâmide socioeconômica. No livro *The Broken Ladder: How Inequality Affects the Way We Think, Live, and Die* [*A escada quebrada: como a desigualdade afeta a maneira como pensamos, vivemos e morremos*], o psicólogo norte-americano Keith Payne demonstra como não apenas a desigualdade real, mas também a desigualdade relativa e percebida, afeta como pensamos, vivemos e morremos.[140] Ele observa que cabe a nós a descoberta dessas diferenças, e, uma vez que ficamos conscientes de que existem outros mais ricos e poderosos do que nós, tornamo-nos mais agressivos e radicais. Também é cada vez mais bem documentado que saúde e status social são fatores intimamente ligados. Não apenas pessoas de status social inferior vivem de maneira menos saudável como viver num status social inferior é prejudicial à saúde. O jornalista Jon Hustad explica essa frase da seguinte maneira: "Um sujeito obeso, que come carne gorda, fuma e vive no topo da pirâmide tem uma expectativa de vida maior e melhor que um vegetariano não fumante que esteja na base".[141] Ele tem razão.

No livro *O nível: Por que uma sociedade mais igualitária é melhor para todos*,[142] os pesquisadores britânicos Richard Wilkinson e Kate Pickett mostram como a desigualdade social gera um terreno fértil para vários tipos de doenças, bem como uma série de outros problemas, e não apenas de natureza sanitária. O custo do abismo social se reflete não apenas na forma de doenças, mas também no nível de crimes violentos, obesidade e abuso de drogas e álcool, para citar alguns exemplos. Wilkinson e Pickett compilaram uma lista de problemas que se mantêm a despeito de um eventual aumento do produto interno bruto, por mais ricos que os países se tornem. Essa lista de misérias que afligem o mundo inteiro compreende:

- Baixa habilidade de leitura e escrita em alunos
- Alto índice de mortalidade infantil
- Alto índice de criminalidade
- Grande contingente de encarcerados
- Alta incidência de gravidez adolescente
- Baixo índice de confiança entre pessoas
- Alta incidência de obesidade mórbida
- Alta incidência de problemas de saúde mental, associada ao abuso de álcool e drogas
- Baixa mobilidade social
- Baixa expectativa de vida

Os pesquisadores descobriram que esses problemas nessas áreas não diminuem à medida que as nações enriquecem. Pelo contrário, os Estados Unidos são o país do mundo com maior taxa de problemas nessas áreas — embora o país também seja um dos mais ricos. Outro país rico, o Reino Unido, não aparece bem no quadro, enquanto a Espanha tem muito menos problemas, apesar de um nível de renda mais baixo.

Wilkinson e Pickett, por outro lado, fizeram uma descoberta inovadora ao avaliar os países de acordo com alguns outros critérios: as estimativas da ONU sobre as diferenças de renda interna. De fato, a ONU examinou em vários países a proporção das diferenças entre os 20% da população que ganham mais e os 20% que ganham menos.

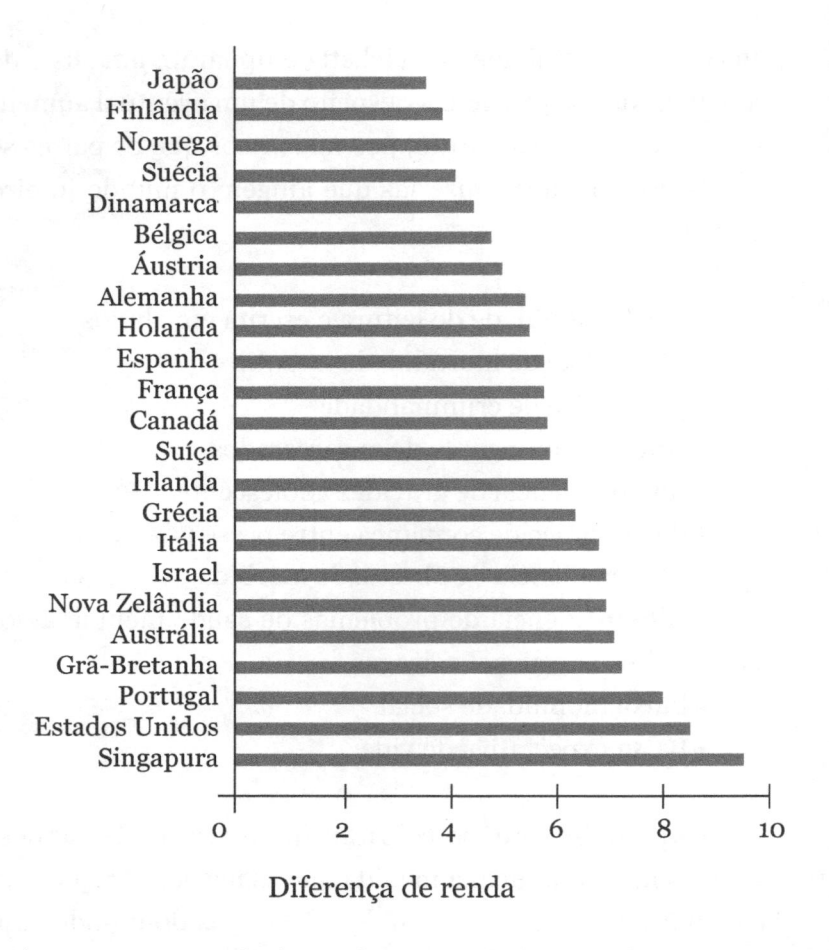

```
        Japão ▬▬▬▬▬
     Finlândia ▬▬▬▬▬▬
       Noruega ▬▬▬▬▬▬
        Suécia ▬▬▬▬▬▬
     Dinamarca ▬▬▬▬▬▬▬
       Bélgica ▬▬▬▬▬▬▬
        Áustria ▬▬▬▬▬▬▬
      Alemanha ▬▬▬▬▬▬▬▬
       Holanda ▬▬▬▬▬▬▬▬
       Espanha ▬▬▬▬▬▬▬▬
        França ▬▬▬▬▬▬▬▬
        Canadá ▬▬▬▬▬▬▬▬
         Suíça ▬▬▬▬▬▬▬▬
       Irlanda ▬▬▬▬▬▬▬▬▬
        Grécia ▬▬▬▬▬▬▬▬▬
         Itália ▬▬▬▬▬▬▬▬▬
        Israel ▬▬▬▬▬▬▬▬▬
   Nova Zelândia ▬▬▬▬▬▬▬▬▬
      Austrália ▬▬▬▬▬▬▬▬▬▬
    Grã-Bretanha ▬▬▬▬▬▬▬▬▬▬
       Portugal ▬▬▬▬▬▬▬▬▬▬▬
   Estados Unidos ▬▬▬▬▬▬▬▬▬▬▬▬
       Singapura ▬▬▬▬▬▬▬▬▬▬▬▬▬
                 0    2    4    6    8    10
                     Diferença de renda
```

Figura 1 *Proporção de riqueza dos 20% mais ricos em relação aos 20% mais pobres por país. Fonte: Wilkinson e Pickett, 2011.*

Nos países onde as diferenças são maiores, a parcela mais rica tem uma renda entre oito e dez vezes maior que o quinto mais pobre da população. No final da lista estão os países menos desiguais. Aqui, o quinto populacional mais rico concentra quatro vezes mais renda.

Os pesquisadores então confrontaram esses números com a prevalência de problemas sociais e de saúde, com base na tabela anterior.

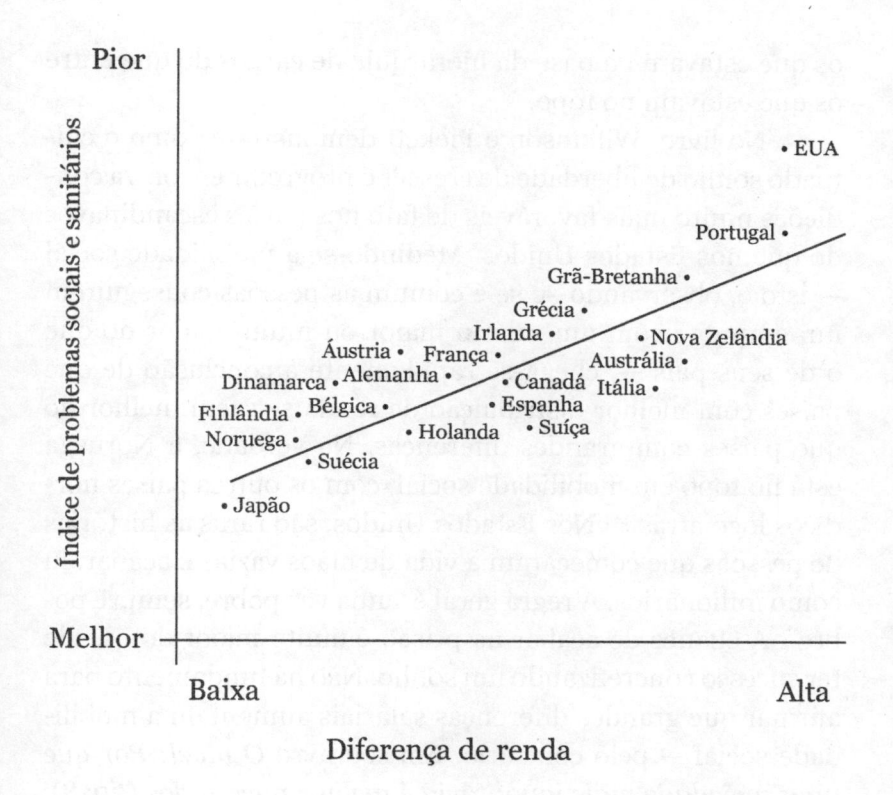

Figura 2 *Problemas sociais e de saúde estão fortemente relacionados à desigualdade nos países ricos. Fonte: Wilkinson e Pickett, 2011.*

A relação é clara. Quanto maiores as diferenças entre quem ganha mais e quem ganha menos em um país, maiores são os problemas que esse país tem em termos sociais e de saúde. Um país com um nível de renda relativamente baixo pode ter muito menos problemas sociais do que um país mais rico. A simples distribuição de recursos de maneira desigual gera problemas por conta própria. O estresse social, por exemplo, cria grandes desafios de saúde para aqueles que estão "no fim da fila". As célebres Pesquisas Whitehall com funcionários do governo na Inglaterra[143] comprovaram que o risco de morrer de ataque cardíaco era três vezes maior entre os que estavam na base da hierarquia de cargos do que entre os que estavam no topo.

No livro, Wilkinson e Pickett demonstram como o cultuado sonho de liberdade de crescer e progredir encontra condições muito mais favoráveis de fato nos países escandinavos do que nos Estados Unidos. Medindo-se a mobilidade social — isto é, observando-se se é comum as pessoas conseguirem um emprego com um salário maior ou muito maior do que o de seus pais —, chega-se rapidamente à conclusão de que países com melhor distribuição de renda se saem melhor do que países com grandes diferenças. Na verdade, a Noruega está no topo em mobilidade social, com os outros países nórdicos logo atrás.[144] Nos Estados Unidos, são raras as histórias de pessoas que começaram a vida de mãos vazias e acabaram como milionários. A regra geral é "uma vez pobre, sempre pobre". A chance de acabar na prisão é muito maior do que de ter sucesso concretizando um sonho. Não há fundamento para afirmar que grandes diferenças salariais aumentam a mobilidade social — pelo contrário. Em seu livro *O nível: Por que uma sociedade mais igualitária é melhor para todos* (2018), a sequência de *The Price of Inequality* [*O preço da desigualdade*], Wilkinson e Pickett investigam como os indivíduos são afetados em países e comunidades onde a desigualdade cresce enquanto a riqueza de uns e a pobreza de muitos só aumentam. "Simplesmente não é verdade que vivemos numa meritocracia em que a desigualdade é apenas uma consequência da mobilidade ascendente ou descendente de pessoas mais ou menos inteligentes e talentosas", afirmam os autores. "A desigualdade tem profundas consequências psicológicas — e dilacera nossa sociedade."[145]

A maioria prefere igualdade

Muita gente já deve ter ouvido falar do filósofo político John Rawls, que trabalhou extensivamente em temas relacionados à justiça social. É dele a ideia de um experimento bem conhecido que se baseia numa simples escolha: você é colocado na Terra e pode escolher em qual sociedade quer viver, mas sem saber qual lugar ocupará na hierarquia social dessa sociedade. Antes de escolher, você não sabe se será forte ou fraco, rico ou pobre, inteligente ou estúpido. As sociedades à sua disposição são bastante diferentes. Em algumas delas, a desigualdade é extrema, com alguns vivendo na escravidão enquanto outros se refestelam numa vida de luxo. Noutras, o desequilíbrio não é tão grande, mas a desigualdade ainda é tamanha que alguns vivem na miséria enquanto outros vivem como nababos. Outras sociedades são igualitárias, com pequenas diferenças separando ricos de pobres. Em qual delas você gostaria de viver?

Rawls acreditava que qualquer pessoa sensata escolheria uma sociedade com pequenas diferenças, na qual fosse possível viver bem mesmo se pertencendo às camadas inferiores. Ele intuiu que a noção que as pessoas têm do que é ou não justo é influenciada de acordo com a posição que ocupam na escala social. Ao introduzir o conceito que chamou de *véu da ignorância* sobre a própria posição, o filósofo propôs refletir mais objetivamente sobre a distribuição de renda.

Em *The Sense of Difference* [*O sentido da diferença*], Keith Payne reproduz uma experiência real que remete às teorias de Rawls. Os pesquisadores dividiram a população em cinco grupos iguais, dos 20% mais pobres aos 20% mais ricos. Em seguida, pediram a um conjunto aleatório formado por 5 mil cidadãos norte-americanos para adivinhar a parcela de riqueza que cada segmento possuía. As respostas mostraram que as pessoas não faziam ideia de quão abissais são as diferenças nos Estados Unidos. Os entrevistados subestimaram especialmente quanto o quinto mais rico possuía.

Os pesquisadores então pediram às pessoas que definissem como achavam que *deveria* ser a distribuição de renda numa sociedade ideal. Os participantes alocaram ao quinto mais pobre 10% da riqueza total do país — enquanto na realidade eles dispõem de apenas 0,1%. Os mais ricos receberam cerca de um terço da riqueza, quando na realidade concentram 84%. Essa divisão, proposta pelos norte-americanos, tem pouca semelhança com a real situação dos Estados Unidos. Em vez disso, é bastante semelhante aos países nórdicos. E se as pessoas tinham a chance de escolher onde morar — se numa sociedade com distribuição nórdica ou numa sociedade com a mesma estratificação norte-americana —, mais de 90% dos norte-americanos preferiram a distribuição nórdica — independentemente da renda (maiores e menores salários) ou da afiliação partidária (democratas ou republicanos).

A escassez emburrece

Existem várias maneiras de refletir sobre a pobreza. Wilkinson e Pickett estudaram meticulosamente os efeitos da *desigualdade*. No entanto, também existem algumas abordagens e resultados de estudos muito interessantes sobre o que a *escassez* faz às pessoas.

Citamos anteriormente o historiador neerlandês Rutger Bregman. No livro *Utopia para realistas — Como construir um mundo melhor*, ele defende veementemente a chamada renda básica cidadã. Isto é, que deveríamos assegurar a todos uma renda mínima para viver, quer estejam empregados ou não.

Não é um debate que pretendemos aprofundar aqui, mas o raciocínio de Bregman é interessante: a pobreza é extremamente prejudicial. Ele apresenta uma série de exemplos do benefício de tirar pessoas da pobreza simplesmente lhes dando dinheiro. Pessoas que de repente obtêm uma renda com a qual é possível viver fazem escolhas mais inteligentes, deixam de lado o consumo de drogas, estudam e — ao contrário do que economistas insistem em acreditar — trabalham tanto ou mais do que antes.

Bregman encontra a explicação, entre outras coisas, na pesquisa do psicólogo da Universidade de Princeton Eldar Shafir. Shafir fez vários experimentos que mostram que a escassez, ou apenas a experiência da escassez, torna as pessoas mais estúpidas. Ele realizou testes cognitivos entre trabalhadores de canaviais na Índia, entre outros.[146] Esses trabalhadores têm uma renda muito variável. Recebem um bom dinheiro quando acabam de receber o pagamento anual da safra, mas vivem na pobreza em boa parte do resto do ano. No período imediatamente após o pagamento, quando ainda estavam com dinheiro no bolso, eles se saíram melhor nos testes cognitivos do que no resto do ano, quando já não lhes restava um centavo no bolso. Pouco dinheiro associado ao medo de não conseguir sobreviver consome tanta capacidade mental que as pessoas simplesmente ficam com a cognição prejudicada. "O efeito que medimos", disse Shafir a Bregman, "corresponde a um déficit de treze ou catorze pontos de QI."[147] Ele compara esse efeito a uma noite sem dormir ou aos efeitos do alcoolismo. Dito de uma forma mais grosseira: as pessoas não são pobres porque são burras. São burras porque são pobres.

Shafir menciona uma "largura de banda mental". Com isso, compara cérebros a computadores; se rodarem programas que exijam mais capacidade de processamento, se tornarão mais lentos. Concentrar-se em descobrir como comprar a comida de amanhã e mandar o caçula na festinha de aniversário com um presente que não o exponha ao ridículo consome *muita capacidade mental*. Então, pode parecer tolice da parte dessas pessoas desperdiçar dinheiro com um maço de cigarros e uma garrafa de bebida nessa hora, mas não é de estranhar que ajam dessa forma.

Eldar Shafir sugere, de acordo com Bregman, que devemos medir a "largura de banda nacional bruta". Se mais cidadãos em uma sociedade tiverem maior largura de banda, se mais pessoas estiverem mais preocupadas em encontrar boas soluções em seu local de trabalho do que queimando pestanas pensando em presentes de aniversário e comida, haverá grandes ganhos de produtividade. Talvez a largura de banda nacional bruta elevada seja uma das explicações para o elevado produto interno bruto da Noruega?

Confiança como causa e efeito

Em todo o mundo, políticos e pesquisadores constataram que os países nórdicos estão repetidamente no topo das listas dos melhores países do mundo para viver, os países mais iguais do mundo, nos quais a mortalidade infantil é mais baixa, os serviços de saúde são melhores, as pessoas são mais felizes e assim por diante. Nem sempre foi assim. Ao contrário — durante a ascensão do neoliberalismo e durante as crises das décadas de 1980 e 1990, muitos achavam que esse modelo não seria viável numa economia globalizada. O setor público era muito grande; os impostos, muito elevados; os sindicatos, muito fortes e o mercado de trabalho, muito rígido. A história de sucesso das últimas décadas, no entanto, promoveu um renascimento ao modelo nórdico — tanto que a revista *The Economist* chamou as soluções nórdicas como "O próximo supermodelo".[148] Qual é a explicação para os países nórdicos — segundo indicadores de desenvolvimento econômico, condições sociais, distribuição e emprego — pontuarem melhor que a maioria dos outros países ocidentais? As respostas são muitas. Sem dúvida, muito se deve às instituições fortalecidas ao longo do tempo. Mas, nos últimos anos, cada vez mais pessoas mencionam conceitos como confiança, capital social e investimento social.

Confiança

Em 1997, o então secretário-geral da ONU Kofi Annan visitou a Noruega. Durante a visita, ele fez uma caminhada nas montanhas e passou por várias cabines da Associação de Turistas da Noruega. Annan visitou, entre outros locais, cabanas autônomas, onde os visitantes podem se abastecer com mercadorias e deixar dinheiro para cobrir a acomodação e qualquer alimento que venham a consumir. Não há controle algum de que o visitante realmente pagou o que devia, nem no ato, nem depois. Pagar ou não pelo consumo depende inteiramente do indivíduo.

É um sistema totalmente baseado na confiança. Se um número suficiente de pessoas não agir como deve, o sistema deixa de ser sustentável e será preciso providenciar a manutenção de mais cabines, ou as pessoas terão que carregar todo o equipamento e provisões por si mesmas. Será uma alternativa pior. Mas o sistema tem funcionado muito bem desde que Claus Helberg tomou a iniciativa logo após o final da Segunda Guerra Mundial. Sempre haverá quem o burle, mas são tão poucos que o sistema pode continuar existindo. Kofi Annan achou que havia algo especial na Noruega que permitia que um sistema assim funcionasse no país. Não poderia funcionar em outro lugar, ele pensou.

Decerto não existe um gene norueguês para confiança, que nos tornaria mais inclinados a confiar uns nos outros.

Então, qual é a razão de esses sistemas funcionarem na Noruega? Muitos apontam para o Estado de bem-estar social e para o modelo norueguês — ou nórdico — que cria as condições para essa confiança. No entanto, as pesquisas sugerem que esse quadro é mais complexo. Um grande projeto na Universidade de Aarhus, na Dinamarca, examinou a conexão entre um Estado de bem-estar social altamente funcional e a confiança. A conclusão dos pesquisadores Andreas Bergh e Christian Bjørnskov é clara:

> A confiança é crucial para o Estado de bem-estar porque se baseia em darmos nosso dinheiro a pessoas que não conhecemos. Devemos acreditar que aqueles que recebem o dinheiro realmente precisam dele. É por isso que vemos reações tão extremas quando as pessoas acham que outras estão recebendo dinheiro ilegalmente. Seria inconcebível introduzir o Estado de bem-estar em outros países. O Estado de bem-estar social entraria em colapso num país como a Grécia, onde a desconfiança é alta e a corrupção, generalizada. Em países com pouca confiança, a corrupção se torna maior porque é humano se comportar de uma maneira diante de outros que agem da mesma forma.[149]

O estudo mostra que os países nórdicos tinham sociedades com um alto grau de confiança mesmo *antes* de os modelos que caracterizam os estados de bem-estar social escandinavos serem construídos.[150] Os pesquisadores dinamarqueses usaram números de uma grande pesquisa de abrangência global, bem como de várias pesquisas norte-americanas, nas quais pessoas de várias nacionalidades foram questionadas sobre a confiança nos outros. Nos números dos Estados Unidos, os pesquisadores puderam constatar que descendentes de pessoas que emigraram da Escandinávia há 70 e 150 anos têm um grau de confiança maior do que as demais. Portanto, concluíram que a confiança veio antes do Estado de bem-estar social. Descendentes de escandinavos que emigraram para os Estados Unidos na década de 1930 pontuam tão alto no barômetro de confiança quanto dinamarqueses, noruegueses e suecos, embora seus avós tenham migrado antes da introdução do Estado de bem-estar social moderno. É comum acreditar que a confiança entre os escandinavos é alta porque temos um sistema político justo e um sistema jurídico funcional. Mas essas instituições só foram introduzidas depois da primeira grande onda de emigração, no século XIX. No entanto, os descendentes dos primeiros emigrantes são tão confiantes quanto outros de ascendência escandinava. No projeto, os pesquisadores dividiram os países de acordo com o tamanho do Estado de bem-estar e o nível de confiança dos cidadãos. Dinamarca, Noruega, Suécia e Finlândia estão completamente isolados no topo do gráfico. Apenas Canadá e Nova Zelândia apresentam níveis de confiança semelhantes.

O grande projeto NordMod, realizado pelo movimento sindical, em que pesquisadores de toda a região estudaram os países nórdicos, também sustenta que a confiança não é apenas uma *consequência*, mas também uma *explicação* para os resultados sociais alcançados: elevada riqueza privada, um Estado de bem-estar e poucas diferenças sociais.

O círculo virtuoso

Pode parecer que os modelos de bem-estar nórdicos se devem a um círculo virtuoso. O alto nível de confiança entre as pessoas e a tradição de cooperação significam que instituições e esquemas podem ser construídos exatamente com base nessas premissas. Quando as pessoas confiam umas nas outras e constroem uma comunidade, fortalecem a cultura de interação, que por sua vez aumenta a confiança e atua como um aglutinador social. Isso também foi investigado. Os pesquisadores Nina Witoszek e Atle Midtun editaram o livro *Sustainable Modernity: The Nordic Model and Beyond* [*Modernidade sustentável: o modelo nórdico e além*], em que pesquisadores de diferentes disciplinas, da biologia científica e evolutiva às humanidades, examinam a razão do sucesso do modelo norueguês[151] e chegam a várias das mesmas conclusões. Não são fatores individuais ou coincidências geográficas e históricas e sorte que criaram a base para o modelo norueguês. Nosso Estado de bem-estar social está firmado sobre uma longa tradição de cooperação e colaboração, e tem se saído bem em face da competição global.

Um pesquisador norte-americano, David Sloan Wilson, é um dos colaboradores do livro, junto com Dag O. Hessen.[152] Ele é um dos muitos pesquisadores que acreditam que a seleção natural funciona entre grupos, e não apenas no nível individual. Isso acontece quando organismos individuais trabalham juntos tão intimamente que podem se comportar como um grande superorganismo. A evolução é então elevada a um novo patamar, algo que aconteceu apenas algumas vezes desde a origem da vida. Os insetos sociais, como formigas, cupins e abelhas, por exemplo, têm tido muito sucesso, respondendo por metade de todos os insetos da Terra. O desenvolvimento, então, funciona não apenas entre indivíduos, mas também entre grupos. Indivíduos que pertencem aos grupos que funcionam melhor são os mais bem equipados para gerar descendentes. Wilson é conhecido pela máxima "O egoísmo atinge o altruísmo dentro de um grupo. Grupos altruístas vencem grupos egoístas. Todo o resto não passa de comentários acerca disso".[153]

O supermodelo

O sucesso do modelo norueguês em comparação com o modelo liberal anglo-saxão é justamente uma ilustração disso. Wilson escreve:

> *Alguns países garantem uma vida boa para a maioria dos membros da sociedade, outros favorecem as elites às custas de todos os demais, enquanto outros entram em colapso completamente. Cada nação trilha seu próprio caminho ao longo da história, mas todas refletem o mesmo e eterno conflito existente em pequenos grupos humanos e comunidades animais: a necessidade de fortalecer a cooperação e superar o comportamento destrutivo e egoísta.*

O modelo social norueguês é um exemplo de como isso foi resolvido melhor do que em qualquer outro lugar. Não é por acaso que nós, na Noruega, conseguimos poupar a maior parte das receitas do petróleo e investi-las num grande fundo destinado às gerações futuras, enquanto países com reservas de petróleo bem maiores resultaram numa enorme riqueza acumulada por uns poucos e em conflitos e guerras.

Tem muito a ver com construir a sociedade de baixo para cima. A ganhadora do Nobel de Economia Ellinor Ostrom observou como pequenas comunidades conseguiram administrar recursos escassos juntas, sem serem afetadas pela chamada "tragédia dos comuns", quando alguns consomem os recursos às custas da comunidade, como já nos sucedeu.[154] Antes de Ostrom, um grande número de economistas concluiu que a única solução para evitar o consumo excessivo de recursos comuns era acumulá-los e transformá-los em propriedade privada individual. É uma consequência natural da ideia de que as pessoas são egoístas e maximizam seu proveito próprio. Mas Ostrom, como pesquisadores de outras disciplinas, como psicologia comportamental e biologia, constataram que esse não era o caso. Em todo o mundo, os recursos naturais eram administrados coletivamente de maneiras distintas, a despeito de modelos econômicos e visões humanas. Isso não se aplica apenas a sociedades com economia agrícola. A própria Ostrom costumava usar os pescadores de lagosta no Maine, nos Estados Unidos, como exemplo. Existem grupos locais — chamados de "gangues da lagosta" — que fatiam a costa litorânea entre si. Cada pescador tem uma área definida e os marcadores mostram quem é o dono das diferentes gaiolas. Quem coloca gaiolas numa área indevida é rapidamente descoberto. A gaiola é então amarrada com um pequeno laço para marcar que o intruso foi descoberto — e advertir sobre as consequências se não for removida. Se esse aviso for ignorado, a gaiola será removida ou destruída. Esse exemplo ilustra dois princípios que Ostrom considerou importantes para o manejo local e conjunto de um recurso limitado como a lagosta: primeiro, deixar claro quem é ou não membro do grupo. Em segundo lugar, as sanções impostas em caso de violação do entendimento comum são gradativas. A primeira sanção é apenas um sinal, e em seguida os membros têm a oportunidade de agravá-la caso persista.

Ostrom estudou essas sociedades em todo o mundo, e concluiu que oito condições devem estar presentes para que tenham êxito:[155]

1. Forte identidade de grupo e compreensão do propósito. A identidade do grupo, os limites do recurso comum e a necessidade de gerenciar esse recurso devem ser claramente definidos.

2. Relação entre custos e benefícios. Os membros do grupo devem gerir um sistema que recompense os membros pelas contribuições que fazem à comunidade. É preciso mostrar-se digno de ter direito a um status elevado ou de outros benefícios extraordinários. A desigualdade injusta contamina o esforço coletivo.

3. *Processos coletivos de tomada de decisão.* As pessoas não gostam de receber ordens, mas estão dispostas a dar duro por objetivos comuns com os quais concordaram. O processo de tomada de decisão deve ser baseado em consenso ou em outro método que os membros do grupo considerem razoável.

4. *Supervisão.* Um bem comum está em si exposto a parasitas e corre risco de abuso. A menos que essas estratégias subversivas possam ser reveladas sem exigir muito esforço daqueles que seguem as regras, ninguém terá sucesso em prevenir a tragédia dos comuns.

5. *Sanções gradativas.* As violações não requerem necessariamente punições severas, pelo menos não no início. Um lembrete cauteloso ou o comentário de boca em boca às vezes é suficiente, porém, caso necessário, sempre deve haver formas mais severas de punição.

6. *Mecanismos de resolução de conflitos.* Deve ser possível resolver os conflitos rapidamente e de uma maneira que os membros do grupo considerem razoável.

7. *Uma instância mínima de direito organizacional.* Os grupos devem ter autoridade para administrar seus próprios assuntos. Regras impostas externamente não serão, com toda probabilidade, adaptadas às condições locais e, portanto, entrarão em conflito com o princípio 3.

8. *Coordenação.* Para grupos que fazem parte de sistemas sociais maiores, deve haver uma coordenação adequada entre os grupos mais relevantes. Há um tamanho ideal de áreas para cada uma das atividades que os grupos realizam separadamente. Quando os grupos precisam ser governados nesse contexto, deve-se encontrar o equilíbrio entre a autodeterminação de um grupo e a coordenação geral. Isso é chamado de controle policêntrico ou controle multicêntrico.

Variantes dos mesmos princípios também se aplicam, numa escala maior, a toda a sociedade, quer estejamos falando de países, estados ou cidades. As sociedades que conseguem gerenciar recursos de forma sustentável coletivamente, portanto, têm algumas características comuns. O *Homo solidaricus* prospera e se desenvolve melhor numa sociedade solidária. Hessen e Wilson citam a Noruega e o modelo norueguês como exemplo de onde essas premissas se desenvolveram bem. A boa sociedade em que vivemos neste país não se deve aos nossos próprios genes de confiança e cooperação entre os noruegueses, mas porque desenvolvemos uma sociedade baseada na confiança. Os oito pontos destacados por Ostrom são amplamente incorporados a nossas instituições, leis e normas — que, por sua vez, afetam a forma como nos relacionamos em contextos informais e sociais.

Neste livro, mostramos como a colaboração afeta todo o meio que nos cerca. Nós mesmos somos o resultado de uma colaboração em nossas células, que por sua vez trabalham juntas para criar o organismo que somos. Além disso, interagimos com outras pessoas ao nosso redor, tanto com humanos quanto com a natureza.

A evolução é cega. Não tem direção e não é determinada por um plano, mas resultou em nós, humanos, e as comunidades em que vivemos. A seleção natural nos adaptou com cérebros que têm a capacidade de refletir e planejar. Podemos ver que tipo de sociedade resulta em pessoas que a habitam com mais capacidade de governar a própria vida e de oportunidade de buscar o que consideram a felicidade para si e para seus próximos. Podemos aprender com o que deu certo e com o que fracassou, e assim projetar de forma inteligente o que será a sociedade do futuro. Sabemos que grandes desafios estão à espreita. Nosso modelo norueguês não é estático, este é um dos seus pontos fortes. No entanto, temos a certeza de que as sociedades construídas em torno do *Homo solidaricus* parecem ser melhores para viver do que aquelas baseadas no *Homo economicus*.

O lado sombrio do coletivismo

Já se vão mais de duzentos anos que o anarquista e naturalista russo Piotr Kropotkin escreveu que o impulso de nos ajudarmos mutuamente figura entre as nossas virtudes mais fortes.[156] Os resultados da pesquisa que examinamos contam uma história muito edificante sobre nossa capacidade de adotar esse comportamento virtuoso.

No entanto, o sentimento de pertença a um grupo é como a face de Janus, que olha para dois lados opostos. Estamos chegando ao desfecho da nossa história sobre o *Homo solidaricus*. É chegada a hora de nos determos um pouco sobre a faceta mais sombria do pensamento coletivista, comunitário e igualitário.

Qualquer pessoa que sobreviveu à escola secundária norueguesa provavelmente viu de perto, e talvez até tenha sentido em seu corpo, que viver sob essas premissas não é um fenômeno inequívoco e sem problemas. Existem muitas razões pelas quais as crianças podem ser extremamente cruéis e hostis umas com as outras. O célebre lobo frontal, destruído por uma barra de ferro no caso do infeliz Phineas Gage, ainda não está plenamente desenvolvido nos jovens. A capacidade de empatia e autocontrole não é o que deveria ser, e no dia a dia da escola ocorre de os jovens precisarem atuar em grupos. Então, o instinto de justiça social entra em cena. Instintos que podem ter consequências terríveis, tenham eles origem na vontade de se afirmar na hierarquia ou na motivação para manter o grupo coeso.

A diferença é uma ameaça ao grupo. Esse instinto pode estar em nós desde o tempo em que éramos caçadores e coletores em pequenos bandos na savana africana, cercados por predadores perigosos. Era importante se manter juntos. É possível que o espaço para manifestações pessoais ou desejos individuais tenha diminuído. Isso despertou em nós um mecanismo paradoxal: buscamos a coletividade, mas podemos ser implacáveis ao tentar excluir os outros de um grupo. A coletividade humana, portanto, tende a viver num equilíbrio eterno entre inclusão e exclusão. O medo que muitos têm do que nos é estranho também pode ser explicado por esse desenvolvimento evolucionário inicial. No livro *Det biologiske mennesket —individer og samfunn i lys av evolusjon* [*O homem biológico — indivíduos e sociedade à luz da evolução*], Terje Bongard e Eivin Røskaft escrevem:

> O ser humano não se desenvolveu para viver em grandes sociedades, mas para cuidar de si e do grupo. Cooperação, solidariedade e generosidade caracterizam as pessoas próximas umas das outras. O elemento aglutinador nesta afiliação é o sentimento de grupo.[157]

É certo que certas pessoas podem demonstrar solidariedade e empatia para com outros estranhos do grupo a que pertencem, mas esse é um ponto muito importante ainda assim. Podemos nos sentir mais facilmente conectados com aqueles que nos são semelhantes, pessoas com quem sempre podemos contar como uma extensão de "nós".

Adolf Hitler e o sonho de cordialidade e amizade

Não faz muito tempo que a equipe de jornalistas do programa *Brennpunkt*, da TV pública norueguesa NRK,[158] produziu um documentário sobre o Movimento Nacional de Resistência Nórdica (MNRN), o maior e mais bem organizado movimento radical de direita a surgir na região nos últimos anos. O documentário trazia um perfil de Vera Oredsson, veterana do sueco "Movimento Nacional" depois de ter passado pela *Bund Deutscher Mädel* (BDM), a Juventude Hitlerista para garotas. Oredsson é um exemplo clássico de como a experiência de exclusão das pessoas as deixa à mercê de demagogos e totalitaristas. O pai de Oredsson era um engenheiro fracassado e, por vezes, violento. A menina Oredsson era espancada sempre que voltava para casa com notas ruins na escola.[159]

Quando os nacional-socialistas chegaram ao poder, seu pai conseguiu um emprego. As surras e as brigas em casa diminuíram. A própria Oredsson relembra com carinho a forte sensação de comunidade que experimentou na BDM. "Quanta camaradagem", diz ela, quase sonhadora, a um famoso negacionista do Holocausto que também cresceu na *Hitlerjugend*. Os dois veteranos da *Jugend* se encontram para uma longa conversa, logo após um deles proferir uma palestra para afirmar que o extermínio de judeus durante a Segunda Guerra Mundial nunca aconteceu e defender a revogação da lei que pune alguém por afirmar isso.

Sobre a cama do quarto de Oredsson está pendurado um retrato do chefe de Estado mais odiado do século XX, Adolf Hitler. Ela faz questão de dizer que sempre teve uma foto do *Führer* na cabeceira da cama. A imagem do indivíduo considerado por quase todo mundo o pior genocida e tirano da história lhe traz uma sensação de segurança, afirma ela.

Oredsson é hoje uma referência, um modelo de avó, e, claro, faz palestra em grandes eventos para fãs e simpatizantes do Movimento de Resistência Nórdica.

Fissuras no "Lar do Povo"

A busca de carinho, amizade, comunidade, união, pertença e reconhecimento é um dos nossos maiores impulsos. Se a sociedade como um todo não tiver condições de satisfazer a esse desejo, surgirão charlatões e bandidos vis o bastante para fazê-lo. Ficamos tentados a achar que os jovens atraídos pelas mensagens do MNRN não passam de idiotas, repugnantes, toscos e xenófobos, mas isso não nos engrandece nem um pouco. O fato de que a mistura de teorias da conspiração e chauvinismo nacional apregoada pelos líderes do movimento torna-se atraente para os jovens numa das sociedades mais igualitárias e avançadas do mundo tem, na verdade, uma explicação "natural".

O líder do centro de estudos Katalys, Daniel Suhonen, em parceria com vários outros autores, documentou exaustivamente como as divisões econômicas e culturais se aprofundaram na Suécia nos últimos anos. O *Folkhemmet*, "Lar do Povo", a inclusiva sociedade sueca que tanta admiração angariou pelo mundo afora e da qual os suecos tanto se orgulham, está ruindo. Suhonen, o professor de sociologia Göran Ahrne e o pesquisador Niels Stöber escrevem na página da Katalys na internet:

A sociedade de classes é uma realidade nas eleições de 2018. Porém o debate sobre exclusão e uma nova subclasse esconde a relação de poder real entre as pessoas na Suécia de hoje: muitos dos "incluídos" não detêm poder algum sobre trabalho, habitação ou mercado financeiro, tampouco os recursos necessários para pertencer ao "círculo de iniciados" detentor de algum poder real. Não são apenas as pessoas sem emprego que se veem incapazes diante de um mercado que redistribui recursos apenas para cima, mas a maioria da sociedade.[160]

A Suécia chegou a este ponto, de acordo com Suhonen e colegas, não apenas ao dar à luz uma subclasse de cidadãos, mas também ao criar uma grande parcela da população que vive relativamente bem, mas experimenta a mesma sensação de exclusão e impotência. A sensação de ser excluído e estar no extremo inferior da pirâmide hierárquica é como uma verdadeira máquina de produzir amargura, ressentimento e ódio. Torna-nos mais receptivos aos apelos à solidariedade de um grupo, à identificação com uma suposta raça e nação e à hostilidade para com tudo que for estrangeiro.

Não é de admirar que um jovem crescido num subúrbio ou em distritos industriais abandonados do país se sinta atraído pela retórica da Suécia grande, generosa e inclusiva como nos bons velhos tempos. Quando o corpo está cheio de testosterona e o cotidiano é difícil, marcado pela adversidade e falta de sentido, envergar um uniforme e marchar ressentida e ameaçadoramente pelas cidades nórdicas pode servir como uma espécie de alívio.

O futuro pertence ao *Homo solidaricus*

Somos seres voltados para a vida em comunidade. Em nós existe uma grande capacidade de empatia. Nutrimos um sonho profundo de comunidade, de pertença, de contribuir e de sermos ouvidos e percebidos. É isso que pode nos transformar em cidadãos bons, construtivos e cooperadores. É também o que pode nos tornar presas fáceis para todos os tipos de demagogos, e ativar instintos tribais terríveis. Se dentro de nós um ou outro sairá vencedor é algo que depende, em grande medida, do tipo de sociedade que escolhermos criar coletivamente.

O belíssimo discurso de Tim Minchin para formandos na Universidade do Oeste da Austrália diz muito sobre o que o igualitarismo baseado numa compreensão clara das realidades biológicas pode e deve significar. Uma vez que nos damos conta de que, no fundo, não merecemos o crédito por nossos cérebros maravilhosos, nossa enorme capacidade de trabalho ou outros talentos, essa percepção lança as bases para saudável humildade diante do mundo. Orgulho significa o mesmo que queda, dizem. A biologia nos ensina que a arrogância não tem razão de ser.

De cada um de acordo com sua capacidade e a cada um de acordo com sua necessidade é o princípio de justiça que melhor se adapta à natureza humana. Erradicar a pobreza e a desigualdade não é apenas eticamente correto, mas permite o crescimento econômico e é a estratégia mais importante para combater o crime e o extremismo político. Temos diante de nós, em nosso futuro de curto prazo, a gravíssima responsabilidade de pôr um fim à destruição ambiental. Isso inclui não apenas reverter as alterações climáticas provocadas pelos seres humanos, mas também cessar a pressão insustentável que exercemos sobre a natureza como um todo. Nas últimas décadas, desvendamos os mistérios da natureza e sabemos o que é necessário para tanto. Cabe a nós criar uma sociedade que permita que esse lado da nossa personalidade tenha o lugar de destaque que merece.

A história do *Homo solidaricus*, entretanto, não chega ao fim aqui. O *Homo solidaricus* é um produto do intercâmbio e da generosidade impulsionado pelos mecanismos sobre os quais escrevemos anteriormente neste livro, mas a marcha da evolução continua, inexoravelmente. Agora, o *Homo sapiens sapiens* não se contenta mais apenas em observar a natureza a fundo. Por meio da engenharia genética e da inteligência artificial, assumimos o controle da própria natureza. O ser solidário pode se tornar um ente divino — o *Homo Deus*, na expressão cunhada por Yuval Noah Harari. É uma perspectiva que gera uma certa ansiedade em nós. A julgar pelas obras de ficção científica não nos faltam distopias em que acabamos originando monstros ou nos tornando escravos inconscientes das máquinas que nós mesmos criamos.

Também vemos que as desigualdades estão crescendo no mundo inteiro. Vemos que alguns poucos super-ricos, em especial, estão em via de obter o controle de recursos enormes, quase inimagináveis, que oferecem grandes oportunidades para esses indivíduos e seus entes queridos. O escritor Douglas Rushkoff[161] recentemente atravessou meio mundo apenas para falar a um pequeno grupo desses 0,001% mais ricos e escreveu sobre a experiência. O tema foi o futuro e as oportunidades que se abrem. Mas esse pequeno grupo de financiadores não estava preocupado em tirar os pobres da miséria, fornecer mais acesso a água potável ou evitar que crianças morressem de doenças que podem ser facilmente erradicadas. Queriam saber como a tecnologia pode ajudá-los a sobreviver após o colapso da civilização como a conhecemos.

Estavam preocupados, sobretudo, em como proteger seus ativos. E quanto aos seguranças armados necessários para proteger bilionários que, no mais das vezes, são fisicamente inexpressivos? Como garantir que aqueles lhes permaneçam leais e não assumam o controle sozinhos? Seria possível usar coleiras elétricas de modo a dar um choque em empregados desobedientes, ou assegurar que o acesso a armazéns de comida seja feito por meio de sistemas criptografados? Talvez fosse melhor investir em robôs e evitar ter de lidar com inconvenientes como relações afetivas humanas? Para essas pessoas, esse era o fator mais importante do progresso da humanidade: usá-lo em seu favor para se manter onde estão e garantir o que já possuem. Eles sabem que Elon Musk planeja criar colônias em Marte, que o fundador do PayPal, Peter Thiel, gasta vultosas somas de dinheiro em pesquisas para interromper o processo de envelhecimento, e que o fundador da computação Ray Kurzweil e o investidor Sam Altman estão falando em transferir a consciência humana para computadores num futuro qualquer.[162]

Por um lado, é estimulante e importante discutir as novas tecnologias e as oportunidades e desafios que nos oferecem. A inteligência artificial pode assumir muitas tarefas, mas será que algum dia teremos computadores equipados com empatia e criatividade? Quando os robôs adquirirão direitos e cidadania? E quanto às consequências éticas de equipar crianças com os melhores genes de memória e capacidade de pensamento, enquanto outras serão codificadas para correr mais rápido ou levantar mais peso nos esportes? Aqueles que se autodenominam transumanistas discutem como a química e a engenharia genética podem nos tornar eternamente felizes e motivados. Vale a pena discutir tudo isso e muito mais, e é filosoficamente empolgante debater essas questões tomando uma cerveja gelada. Mas e quanto aos problemas que afetam a maioria das pessoas? Por trás de nossa nova tecnologia também está a depredação da natureza para extrair os metais raros de que precisamos em nossos telefones e computadores, e as montanhas de lixo em que jovens retiram de resíduos tóxicos o alimento para si e para sua família. Um precariado[163] crescente tem diante de si um futuro em que os jovens, pela primeira vez, não acham que estão levando uma vida melhor do que a geração anterior.[164] Estamos a caminho de um futuro onde os ridiculamente ricos investem seu dinheiro em projetos egoicos cujo objetivo é se distanciar ainda mais do restante da humanidade? Pode parecer que os super-ricos imaginam que um colapso decorrente das mudanças climáticas, aumento do nível do mar, ondas de migração e um populismo político incontrolável não seja algo contra o que deveriam lutar — mas, em vez disso, apenas tentar salvar a própria pele.

Temos aqui o egoísmo e o individualismo levados a suas últimas consequências. Não é sem razão que se encontram nessa turma admiradores fervorosos dos pensamentos de Ayn Rand. Também não é por acaso que muitos deles usam parte de sua fortuna para patrocinar forças políticas de direita. O economista social francês Thomas Piketty descreve como os investimentos dos ricos em políticas que favorecem seus interesses são uma importante força motriz para que as diferenças continuem a aumentar. Há boas razões para alertar contra esse futuro em que apenas a sobrevivência dos mais ricos talvez esteja garantida — talvez.

Ao mesmo tempo, estamos no limiar de grandes mudanças e enfrentaremos enormes desafios. Precisamos deter a destruição ambiental e conseguir e distribuir recursos suficientes para nós que vivemos hoje e para as gerações futuras. Devemos, então, deixar de lado a ansiedade e, em vez disso, enxergar as possibilidades: inovações médicas e avanços tecnológicos que são transformadores. Esses desafios só podem ser superados se trabalharmos juntos. Rushkoff sugeriu aos multibilionários aterrorizados que a melhor estratégia para garantir a lealdade dos empregados no futuro — com ou sem apocalipse — é tratá--los correta e decentemente, como pessoas.

Quanto mais eles adotarem os princípios de distribuição justa e consideração pelo meio ambiente nas operações das empresas que controlam ou nas quais investem, menos chance há de ocorrer o colapso estrutural de sociedade contra o qual tanto se preparam. A reação geral foi de risos indulgentes.

Para o resto de nós, o futuro não pode consistir em assegurar uma suíte no bunker mais seguro ou no último lugar da espaçonave rumo a Marte. Existem alternativas nas quais usamos a tecnologia que nossos cérebros maravilhosos criaram para resolver os problemas que enfrentamos. Durante toda nossa longa existência encontramos histórias de pessoas que conseguem fazer coisas incríveis juntas. Não importa o tipo de futuro que nos aguarda, teremos que enfrentá-lo juntos.

Estamos consumindo uma parcela cada vez maior dos recursos da Terra, deixando cada vez menos espaço para todas as outras espécies com as quais a compartilhamos. Se quisermos reverter isso, serão necessários esforços conjuntos em grande escala. Esse trabalho se torna mais fácil se tomarmos como ponto de partida as palavras de Nordahl Grieg no poema "Aos jovens", no verso que diz "nobre é a humanidade, rica é a terra". Todos temos o que é preciso para criar um mundo melhor. Afinal, somos o *Homo solidaricus*.

Agradecimentos

Muitas pessoas nos deram sugestões e ideias que trouxemos conosco na escrita desta obra. Wegard gostaria de agradecer especialmente a Rina Brunsell Harsvik pelas boas discussões e por insistir que este livro deveria ser escrito. Ingvar gostaria de agradecer a Elisabeth Holm por sua paciência e competência linguística avançada, e a Torarin Holm Skjerve e Amund Holm Skjerve pela experiência direta com algumas das melhores características com que a evolução nos equipou. Muito obrigado a todos aqueles que leram os rascunhos e contribuíram com insights profissionais em diversas áreas do conhecimento: Dag O. Hessen, Hannah Elizabeth Schønhaug, Kyrre Linné Kausrud, Benjamin Endré Larsen, Gjermund Baklien Skaar, Yvonne Thomsen e Trygve Svensson. Muito obrigado ao editor Stian Bromark e a toda a excelente equipe de profissionais da editora Res Publica.

Notas

[1] https://www.forbes.com/sites/alejandrochafuen/2019/02/19/the-new-brazil-philosophical-divisions-should-not-hinder-bolsonaros-agenda/?sh=47e850c447ec
[2] https://science.sciencemag.org/content/365/6448/70
[3] *Ærlighet varer lengst*, Carl I. Hagen, Aventura forlag, 1984
[4] *The Age of Empathy: Nature's Lessons for a Kinder Society*, Frans de Waal, Crown, 2009
[5] https://snl.no/survival_of_the_fittest
[6] https://www.expressen.se/dinapengar/qs/valkommen-till-aldreboendet- for-de-rika-orattvist-in-i-doden
[7] https://www.theguardian.com/world/2020/jan/05/the-search-for-eden-in-pursuit-of-humanitys-origins
[8] *Vi — samarbeid fra celle til samfunn*, Dag O. Hessen, Cappelen Damm, 2017
[9] *Sunday Times*, 3 maio 1981
[10] https://folk.uio.no/karineny/files/Samtiden.pdf
[11] "Long Live Intrinsic Motivation", Rutger Bregman, *The Correspondent*, 22 dez. 2016
[12] Citado em "Long Live Intrinsic Motivation", Rutger Bregman, *The Correspondent*, 22 dez. 2016
[13] *Frederick W. Taylor: The Principles of Scientific Management* (1911)
[14] https://forskning.no/okonomi-ledelse-og-organisasjon-arbeid/bonus-kan-virke-mot-sin-hensikt/319774
[15] "Pay Enough or Don't Pay at All", Uri Gneezy et al., *The Quarterly Journal of Economics*, ago. 2000.
[16] "Crowding Out in Blood Donation: Was Titmuss Right?" Resumo. Mellström et al.: *Journal of the European Economic Association*, jun. 2008.

[17] https://forskning.no/okonomi-ledelse-og-organisasjon-arbeid/bonus-kan- virke-mot-sin-hensikt/319774
[18] https://www.skup.no/sites/default/files/metoderapport/2003-07%2520Helse%2520S%25c3%25b8r-saken.pdf
[19] http://www.wired.co.uk/article/dan-ariely-bonuses-boost-activity-but-not-quality
[20] "In Search of *Homo economicus*: Behavioral Experiments in 15 Small-Scale Societies", Joseph Henrich, Robert Boyd, Samuel Bowles, Colin Camerer, Ernst Fehr, Herbert Gintis & Richard McElreath, *The American Economic Review*, vol. 91, n. 2, 2001
[21] "Hvem er redd for Homo Oeconomicus", Karine Nyborg, *Samtiden* n. 4, 2009
[22] https://www.youtube.com/watch?v=-dMoK48QGL8
[23] "Long Live Intrinsic Motivation", Rutger Bregman, *The Correspondent*, 22 dez. 2016
[24] "Perceptions Matter: The Common Cause UK Values Survey", Common Cause Foundation, 2016
[25] "The Methodology of Positive Economics", in *Essays in Positive Economics*, Milton Friedman University of Chicago Press, 1966
[26] http://evonomics.com/father-of-economics-adam-smith-charles-darwin/
[27] "Long Live Intrinsic Motivation", Rutger Bregman, *The Correspondent*, 22 dez. 2016
[28] "Hvem er redd for Homo Oeconomicus", Karine Nyborg, *Samtiden* n. 4, 2009
[29] https://www.aftenposten.no/verden/i/Kv4rnX/skattetriks-kan-ha-snytt-fem-land-for-520-milliarder-kroner-norge-ogsaa-rammet
[30] *The Common Good*, Robert Reich. Alfred A. Knopf, 2018
[31] https://www.youtube.com/watch?v=_8m8cQI4DgM
[32] https://www.churchofsatan.com/satanism-and-objectivism.php
[33] http://glamour-and-discourse.blogspot.no/p/mike-wallace-interviews-ayn-rand.html
[34] https://www.youtube.com/watch?v=_8m8cQI4DgM
[35] https://no.wikipedia.org/wiki/Objektivisme
[36] http://www.rawstory.com/2015/02/happy-birthday-ayn-rand-8-

scary-quotes-from-the-guru-of-selfishness/

[37] "Since there is no such entity as 'the public', since the public is merely a number of individuals, any claimed or implied conflict of 'the public interest' with private interests means that the interests of some men are to be sacrificed to the interest and wishes of others." *Atlas Shrugged*, Nova York, 1957

[38] *Women's Own*, Londres, 31 out. 1987

[39] http://www.bbc.com/news/magazine-19280545

[40] *Ayn Rand Nation. The Hidden Struggle for America's Soul*, Gary Weiss, St. Martins Press, 2012

[41] http://www.liberaleren.no/2008/08/08/f%C3%B8r-h%C3%B8sten-idag-ove-vanebo/

[42] https://www.dagsavisen.no/helg-nye-inntrykk/portrett/bondeopproreren-1.353411

[43] http://www.dagbladet.no/nyheter/2006/05/04/465286.html

[44] *Dagbladet Magasinet*, 10 maio 2008

[45] http://litteraturhuset.no/partilederforedrag

[46] *Vårt Land*, 25 maio 2013

[47] http://konservativ.no/2009/10/it-usually-begins-with-ayn-rand/

[48] http://www.minervanett.no/ayn-rand-og-den-amerikanske- h%-C3%B8yresiden-2/

[49] https://www.information.dk/kultur/2008/04/kira-howard-john--ayn

[50] Rasmussen (1993): *Fra socialstat til minimalstat*

[51] Rasmussen (1993): *Fra socialstat til minimalstat*

[52] Frederik Reinfeldt (1993): *Det sovande folket*

[53] Ibid.

[54] Ibid.

[55] Em entrevista a Mike Wallace, da rede norte-americana CBS, citado em Nilsen e Smedshaug (2011)

[56] "The Virtue of Self-Interest", 1969

[57] Retirado do livro *Troen på markedet*, Res Publica, 2011

[58] Série de Liv Strömquist sobre Ayn Rand.

[59] http://www.salon.com/2014/04/29/10_insane_things_i_learned_about_the_world_reading_ayn_rands_atlas_shrugged_partner/

[60] *De som beveger verden*, versão norueguesa do livro de Ayn Rand, Kagge forlag, 2010
[61] Em entrevista a Mike Wallace, citada em *Troen på markedet*, Res Publica, 2011
[62] http://www.salon.com/2014/04/29/10_insane_things_i_learned_about_the_world_reading_ayn_rands_atlas_shrugged_partner/
[63] *De som beveger verden*, versão norueguesa do livro de Ayn Rand, Kagge forlag, 2010
[64] http://www.aftenposten.no/nyheter/iriks/politikk/Dette-er-Sivs-hjelpere-6561715.html
[65] https://www.montpelerin.org/
[66] https://MontPèlerinSociety2016.org/MontPèlerin Society-2016-program/
[67] *Free Market Revolution: How Ayn Rand's Ideas Can End Big Government*, Yaron Brook e Don Watkins, Palgrave Macmilian, 2012
[68] http://agendamagasin.no/kommentarer/da-godhet-ble-tyranni/
[69] https://www.venstre.no/artikkel/2012/06/07/lars-peder-nordbakken-2/
[70] Retirado do livro *Troen på markedet*, Res Publica, 2011
[71] *Det egoistiske genet*, Richard Dawkins, Humanist forlag, 2002
[72] *Why Penguins Communicate. The Evolution of Visual and Vocal Signals*, P. Jouventin & F. S. Dobson, Academic Press, 2017, p. 42
[73] "Konvergent evolusjon". *Store norske leksikon*. https://snl.no/konvergent_evolusjon. Data de acesso: 10 jul. 2018
[74] *Eusociality in African Mole-Rats*, Katarina Perkovic, apresentação em seminário, Universidade de Zagreb, 2015, http://digre.pmf.unizg.hr/4730/1/eusociality_in_african_mole-rats_Katarina_Perkovic.pdf. Data de acesso: 10 jul. 2018
[75] *Det generøse menneske. En naturhistorie om at umak gir make*. Tor Nørretranders, Aschehoug, 2004, p. 58
[76] *Det generøse menneske. En naturhistorie om at umak gir make*. Tor Nørretranders, Aschehoug, 2004, p. 58-59
[77] B. Sinervo & C. M. Lively: "The Rock-Paper-Scissors Game and the Evolution of Alternative Male Strategies". *Nature*, vol. 380, 21 mar. 1996
[78] *Det generøse menneske. En naturhistorie om at umak gir make*. Tor Nørretranders, Aschehoug, 2004, p. 61

[79] *Det biologiske mennesket — individer og samfunn i lys av evolusjon*, Bongard & Røskaft, Tapir Akademisk Forlag, 2010, p. 61
[80] *Det biologiske mennesket —individer og samfunn i lys av evolusjon*, Bongard & Røskaft, Tapir Akademisk Forlag, 2010, p. 60-61
[81] http://www.bbc.com/earth/story/20160912-a-soviet-scientist-created-the-only-tame-foxes-in-the-world
[82] https://www.youtube.com/watch?v=YduINJPYXdQ
[83] https://forskning.no/menneskekroppen-kommentar/kommentar-neandertalerne-lever-videre-i-oss/1241657
[84] http://genestogenomes.org/friendly-dogs-with-floppy-ears-the-domestication-syndrome/
[85] Nicholas A. Christakis: *Blueprint: The Evolutionary Origins of a Good Society*. Little, Brown Spark, 2019
[86] *Vi – samarbeid fra celle til samfunn*, Dag O. Hessen, Cappelen Damm, 2017
[87] *The Evolution of Cooperation*, R. Ford Denison og Katherine Muller, *The Scientist*, 01 jan. 2017
[88] *Artenes opprinnelse*, C. R. Darwin
[89] https://snl.no/allmenningens_tragedie
[90] *Vi – samarbeid fra celle til samfunn*, Dag O. Hessen, Cappelen Damm, 2017
[91] *Origins and Evolution of a Transmissible Cancer*, C. A. Rebbeck et al. Evolution 63(9), p. 2340-2349, https://doi.org/10.1111/j.1558-5646.2009.00724.x
[92] "The Evolution of Altruistic Behavior", W. D. Hamilton, *Am Nat*, 97, 1963, p. 354-356
[93] Holldobler & Wilson, 1994
[94] "Adopting Kin Enhances Inclusive Fitness in Asocial Red Squirrels", J. C. Gorrell *et al.*, Nat *Commun*, 1:22, 2010
[95] "Complex Cooperative Strategies in Group-Territorial African Lions", R. Heinsohn & C. Packer, *Science*, 269:1260-1262, 1995
[96] "The Excuse Principle Can Maintain Cooperation through Forgivable Defection in the Prisoner's Dilemma Game", Indrikis Krams, Hanna Kokko, Jolanta Vrublevska, Mikus Abolin, Tatjana Krama, Markus J. Rantala, *Proceedings of the Royal Society*, 2013
[97] *Food sharing in vampire bats: reciprocal help predicts donations*

more than relatedness or harassment, G. G. Carter og G. S. Wilkinson, *Proc R Soc*, 2013, B 280: 20122573. http://dx.doi.org/10.1098/rspb.2012.2573

[98] "The Evolution of Cooperation", R. Ford Denison og Katherine Muller, *The Scientist*, 1° jan. 2016

[99] "Evolutionary Explanations for Cooperation", Stuart A. West, Ashleigh S. Griffin & Andy Gardner, *Current Biology* 17, R661-R672

[100] *The Raven*, Derek Ratcliffe, T & AD Poyser Ltd, 1997

[101] http://gregladen.com/blog/2010/09/30/strange-insect-encounter-carri/

[102] https://blog.nationalgeographic.org/2012/07/20/predator-dinner-party-badgers-and-coyotes-work-together-on-the-prairie/

[103] https://www.livescience.com/9415-amazing-species-cooperate-hunt.html

[104] https://www.liveaquaria.com/PIC/article.cfm?aid=201

[105] http://scienceblogs.com/tetrapodzoology/2009/07/03/tiny-frogs-and-giant-spiders/

[106] https://en.wikipedia.org/wiki/Phineas_Gage#Accident

[107] *Hjernen er stjernen*, Kaja Nordengen, Kagge forlag, 2016

[108] Ibid.

[109] *The Romantic Manifesto*, Ayn Rand, New American Library, 1969

[110] *The Age of Empathy: Nature's Lessons for a Kinder Society*, Frans de Waal, Crown, 2009

[111] *The Righteous Mind. Why Good People are Divided by Politics and Religion*, Jonathan Haidt, Penguin Books, 2012

[112] *Thinking, Fast and Slow*, Daniel Kahneman, Penguin Books, 2012

113 https://www.livescience.com/8384-couples-start.html

[114] https://www.psychologytoday.com/us/blog/the-me-in-we/201612/the-evolutionary-origins-empathy

[115] "Where Is the Love? The Social Aspects of Mimicry", Van Baaren et al., *Philosphical Transactions*, Royal Society Publishing, 2009

[116] *The Age of Empathy: Nature's Lessons for a Kinder Society*, Frans de Waal, Crown, 2009

[117] "Empathy, Emotional Contagion, and Rapid Facial Reactions to Angry and Happy Facial Expressions", Ulf Dimberg, Monika Thunberg, *PsyCh Journal*, 2012

[118] *The Age of Empathy: Nature's Lessons for a Kinder Society*, Frans de Waal, Crown, 2009
[119] *The Psychology of Sympathy*, Lauren Wispé, Springer, 1991
[120] *The Age of Empathy: Nature's Lessons for a Kinder Society*, Frans de Waal, Crown, 2009
[121] https://www.vox.com/science-and-health/2016/2/8/10925098/animals-have-empathy
[122] "Oxytocin-Dependent Consolation Behavior in Rodents", Burkett *et al.*, *Science*, 2016
[123] *The Age of Empathy: Nature's Lessons for a Kinder Society*, Frans de Waal, Crown, 2009
[124] "The Evolutionary Origins of Empathy", Molly S. Castelloe, *Psychology Today*, 2016
[125] *The Age of Empathy: Nature's Lessons for a Kinder Society*, Frans de Waal, Crown, 2009
[126] Ibid.
[127] "Arousal and Economic Decision Making", Salar Jahedi *et al.*, University of Arkansas, 2016
[128] *Født sånn eller blitt sånn? Utro kvinner, sjalu menn og hvorfor oppdragelse ikke virker*, Harald Eia & Ole-Martin Ihle, Gyldendal, 2011
[129] https://www.apollon.uio.no/artikler/2006/homofili-dyr.html
https://tidsskriftet.no/2011/03/intervju/forskerbestemoren-og-kjoleskaps-modrene
[130] *The Blank Slate. The Modern Denial of Human Nature*, Steven Pinker, Penguin Books, 2003, p. 150
[131] https://samharris.org/podcasts/richard-dawkins-sam-harris-and-matt-dillahunty. Transcrito e traduzido pelos autores.
[132] *Moral Origins: The Evolution of Virtue, Altruism and Shame*, Christopher Boehm, Basic Books, 2012
[133] Ibid.
[134] Ibid.
[135] "Norgesglasset", NRK Radio, 16 fev. 2017
[136] Alexander W. Cappelen, Bertil Tungodden *et al.* New accepted paper in the *Journal of Experimental Child Psychology*, titled "The Development of Social Comparisons and Sharing Behavior Across 12 Countries". 2019

[137] https://www.youtube.com/watch?v=yoEezZD71sc&t=802s. Tradução e transcrição pelos autores.
[138] https://no.wikipedia.org/wiki/Fra_enhver_etter_evne,_til_enhver_etter_behov
[139] *12 Rules for Life. An Antidote to Chaos*, Jordan Peterson, Penguin Books, 2018
[140] *Følelsen av forskjell*, Keith Payne, Res Publica, 2018
[141] http://old.dagogtid.no/nyhet.cfm?nyhetid=1618
[142] *Ulikhetens pris*, Richard Wilkinson og Kate Pickett, Res Publica, 2012
[143] https://www.thelancet.com/journals/lancet/article/PIIO140-6736(91)93068-K/abstract
[144] https://www.oecd.org/inclusive-growth/inequality-and-opportunity/The-Issues-Note-Social-Mobility-and-Equal-Opportunities-May-4-2017.pdf
[145] https://www.theguardian.com/inequality/2018/sep/18/kate-pickett-richard-wilkinson-mental-wellbeing-inequality-the-spirit-level
[146] *Utopia for realister. Gratis penger til alle, 15 timers arbeidsuke og en verden uten grenser*, Rutger Bregman, Spartacus, 2017, p. 51
[147] Ibid., p. 50
[148] *The Economist*, 2 fev. 2013
[149] https://forskning.no/sosiologi/2012/03/tillit-skaper-velferdsstaten-ikke-omvendt
[150] "Historical Trust Levels Predict the Current Size of the Welfare State", Andreas Bergh & Christian Bjørnskov, *Kyklos*, vol. 64, 2011
[151] Sustainable Modernity: The Nordic Model and Beyond, Nina Witoszek, Atle Midtun et al., Routledge, 2018
[152] "Cooperation, Competition and Multilevel Selection", David Sloan Wilson & Dag O. Hessen, in "Selfishness Beats Altruism within Groups. Altruistic Groups Beat Selfish Groups. Everything Else is Commentary", David Sloan Wilson & E. O. Wilson em *Rethinking the Theoretical*, Foundation of Sociobiology, 2007
[154] "Almenningen er ingen tragedie". Ebba Boye, *Syn og segn*, ed. 1, 2018
[155] Citado em *Finnes altruisme?*, David Sloan Wilson, Cappelen Damm, 2015

[156] http://www.gutenberg.org/cache/epub/4341/pg4341-images.html
[157] *Det biologiske mennesket — individer og samfunn i lys av evolusjon*, Bongard & Røskaft, p. 111
[158] https://tv.nrk.no/serie/brennpunkt/MDDP11001717/06-12-2017
[159] https://www.youtube.com/watch?v=QLwp1cjpBMI&t=368s
[160] https://www.katalys.org/ryktet-om-klassamhallets-dod-betydligt-overdrivet-debatt-18-juni-dagens-nyheter/
[161] https://medium.com/s/futurehuman/survival-of-the-richest-9ef6cddd0cc1
[162] https://www.theguardian.com/technology/2018/jul/23/tech-industry-wealth-futurism-transhumanism-singularity
[163] https://agendamagasin.no/artikler/de-som-faller-utenfor/
[164] https://www.theguardian.com/society/2016/jul/18/millennials-earn-8000-pounds-less-in-their-20s-than-predecessors

Bibliografia

Bergh, Andreas & Bjørnskov, Christian: *Historical Trust Levels Predict the Current Size of the Welfare State*, Kyklos, 2011, vol. 64.

Blackmore, Susan: *Memesket*, Abstrakt forlag, 2003.

Boehm, Christopher: *Moral Origins: The Evolution of Virtue, Altruism and Shame*, Basic Books, 2012.

Bongard, Terje & Røskaft, Eivind: *Det biologiske mennesket — individer og samfunn i lys av evolusjon*, Tapir Akademisk Forlag, 2010.

Bregman, Rutger: "Long Live Intrinsic Motivation", *The Correspondent*, 22 dez. 2016.

Bregman, Rutger: *Utopia for realister. Gratis penger til alle, 15 timers arbeidsuke og en verden uten grenser*, Spartacus Forlag, 2017.

Brook, Yaron & Watkins, Don: *Free Market Revolution: How Ayn Rand's Ideas Can End Big Government*, Palgrave Macmilian, 2012.

Darwin, C. R.: *Artenes opprinnelse*, Bokklubbens kulturbibliotek, 1998.

Dawkins, Richard: *Det egoistiske genet*, Humanist forlag, 2002.

De Waal, Frans: *The Age of Empathy: Nature's Lessons for a Kinder Society*, Crown, 2009.

De Waal, Frans: *Are We Smart Enough to Know How Smart Animals Are?*, Granta, 2016.

Eia, Harald & Ihle, Ole-Martin: *Født sånn eller blitt sånn? Utro kvinner, sjalu menn og hvorfor oppdragelse ikke virker*. (2. ed.), Gyldendal, 2011.

Friedman, Milton: "The Methodology of Positive Economics", *Essays in Positive Economics*, University of Chicago Press, 1966.

Friis Nilsen, Håvard & Smedshaug, Chr. Anton: *Troen på markedet*, Res Publica, 2011.

Gneezy *et al.*: "Pay Enough or Don't Pay at All", *The Quarterly Journal of Economics*, ago. 2000.

Haidt, Jonathan: *The Righteous Mind. Why Good People are Divided by Politics and Religion*, Penguin Books, 2012.

Hamilton, W. D.: "The Evolution of Altruistic Behavior", *The American Naturalist*, 1963.

Harari, Yuval Noah: *Homo Deus*, Bazar, 2017.

Harari, Yuval Noah: *Sapiens. En kort historie om menneskeheten*, Bazar, 2017. Hare, Brian: "Survival of the Friendliest: Homo Sapiens Evolved via Selection

for Prosociality", *Annual Review of Psychology*, vol. 68, p.155-186, 2017.

Henrich *et al.*: "In Search of *Homo economicus*: Behavioral Experiments in 15 Small-Scale Societies", *The American Economic Review*, vol. 91, n. 2, 2001.

Hessen, Dag O.: *Vi — samarbeid fra celle til samfunn*, Cappelen Damm, 2017.

Kahneman, Danniel: *Thinking, Fast and Slow*, Penguin Books, 2012.

Lee, Adam: "10 (insane) Things I Learned about the World Reading Ayn Rand's *Atlas Shrugged*", *Salon.com*, 2014.

Mellström *et al.*: "Crowding out in Blood Donation: Was Titmuss Right?" Resumo. *Journal of the European Economic Association*, junho 2008.

Nordengen, Kaja: *Hjernen er stjernen*, Kagge, 2016.

Nyborg, Karine: "Hvem er redd for Homo Oeconomicus", Samtiden nummer 4, 2009.

Nørretranders, Tor: *Det generøse menneske. En naturhistorie om at umak gir make*, Aschehoug 2004.

Payne, Keith: *Følelsen av forskjell*, Res Publica, 2018.

Peterson, Jordan: *12 Rules for Life. An Antidote to Chaos*, Penguin Books, 2018.

Pinker, Steven: *The Blank Slate. The Modern Denial of Human Nature*, Penguin Books, 2003.

R. Ford Denison & Katherine Muller: "The Evolution of Cooperation", *The Scientist*, 1º jan. 2016.

Rand, Ayn: *De som beveger verden*, Kagge forlag, 2010.

Rand, Ayn: *Kildens utspring*, Lille måne, 2005.

Ratcliffe, Derek: *The Raven*, T & AD Poyser Ltd, 1997.

Rebbeck, C. A. et al.: "Origins and Evolution of a Transmissible Cancer", *Evolution* 63 (9), 2009.

Reich, Robert: *The Common Good*, Alfred A. Knopf, 2018.

Sapolsky, Robert: *Behave: The Biology of Humans at Our Best and Worst*, Penguin, 2017.

Sebjørnsen, Anne Kathrine: "Forskerbestemoren kjøleskapsmødrene", *Tidsskrift for Den Norske legeforening*, Utgave 6, 18 mar. 2011 (https:// tidsskriftet.no/2011/03/intervju/forskerbestemoren-og-kjoleskapsmodrene).

Sloan Wilson, D. & E. O. Wilson: "Selfishness Beats Altruism within Groups. Altruistic Groups Beat Selfish Groups. Everything Else Is Commentary", *Rethinking the Theoretical Foundation of Sociobiology*, 2007.

Smith, Adam: *A Theory of Moral Sentiments*, 1759.

Stuart A. West, Ashleigh S. Griffin & Andy Gardner: "Evolutionary Explanations for Cooperation", *Current Biology* 17, 2007.

Vogt, Yngve: "1500 dyrearter praktiserer homsesex", Forskningsmagasinet Apollon, Publicado em 1º fev. 2012 11:5 (https://www.apollon.uio.no/artikler/ 2006/homofili-dyr.html).

Wilkinson & Pickett: *Ulikhetens pris*, Res Publica, 2014.

Wilson, Hessen: "Cooperation, Competition and Multi-level Selection", in *Sustainable Modernity: The Nordic Model and Beyond*, Routledge, 2018.

Witoszek & Midtun *et al.*: *Sustainable Modernity: The Nordic Model and Beyond*, Routledge, 2018.

Exemplares impressos em OFFSET sobre papel Cartão
LD 250g/m2 e pólen Soft LD 80g/m2 da Suzano Papel e
Celulose para a Editora Rua do Sabão.